Harald Lesch, Harald Zaun
Die kürzeste Geschichte allen Lebens

PIPER

Zu diesem Buch

Je mehr die Wissenschaftler über den faszinierenden Bauplan der Natur wissen, je mehr sie die Grundlagen allen Lebens verstehen, desto eindringlicher stellt sich die Frage: Wie konnte sich das alles entwickeln? Wie entstand der moderne Mensch, wie das Leben auf der Erde? Wie wurden unser Planet, die Sterne und Galaxien, unser Universum geboren? Harald Lesch und Harald Zaun schicken uns auf eine Exkursion durch Raum und Zeit, die vom Big Bang über die Bildung der Materie und Entstehung erster Lebensformen bis zur Wissensexplosion der Menschheit führt. Auf ihrer Reise durch die Jahrmilliarden unserer Vergangenheit erzählen sie uns eine ganz eigene Version der Menschheitsgeschichte.

Harald Lesch, geboren 1960 in Gießen, ist seit 1995 Professor für theoretische Astrophysik an der Universität München und lehrt Naturphilosophie an der Hochschule für Philosophie SJ. Mr. Universe, »der Professor, der erzählen kann« (ZDF), moderiert unter anderem im Zweiten das bekannte Magazin »Abenteuer Forschung«. Für seine Wissensvermittlung wurde er vielfach ausgezeichnet, unter anderem von der Deutschen Forschungsgemeinschaft und von der Deutschen Physikalischen Gesellschaft.
Harald Zaun, geboren 1962 in Köln, ist promovierter Historiker und freiberuflicher Wissenschaftsjournalist unter anderem für Die Welt und Telepolis mit den Schwerpunkten Kosmologie, Astrobiologie und Paläontologie.

Harald Lesch, Harald Zaun

DIE KÜRZESTE GESCHICHTE ALLEN LEBENS

Eine Reportage über 13,7 Milliarden Jahre
Werden und Vergehen

Piper München Zürich

Mehr über unsere Autoren und Bücher:
www.piper.de

Ungekürzte Taschenbuchausgabe
1. Auflage Oktober 2009
5. Auflage Februar 2012

Umschlaggestaltung: semper smile, München
Umschlagabbildung: Mauritius Images/Radius Images
Grafik Faltkarte: Büro Jorge Schmidt, München
Satz: Kösel, Krugzell
Papier: Munken Print von Arctic Paper Munkedals AB, Schweden
Druck und Bindung: CPI – Clausen & Bosse, Leck
Printed in Germany ISBN 978-3-492-25714-5

Inhaltsverzeichnis

EINLEITUNG

Die Entdeckung der Evolution schließt die Einsicht ein, dass unsere Gegenwart mit absoluter Sicherheit nicht das Ende oder gar das Ziel der Entwicklung sein kann.

Hoimar von Ditfurth

Vergangenheit – Gegenwart – Zukunft. Eingebettet im Zeitstrom, gefangen im Strudel der Zeit, treibend in seinem Fluss, kann der Mensch der Moderne die von ihm selbst geschaffenen künstlichen drei Grundpfeiler der Zeit bewusst weder er- noch durchleben. Was wissen wir schon vom wahren Wesen der Gegenwart, die für das menschliche Gehirn, wie uns die Hirnforschung lehrt, sage und schreibe nur drei Sekunden währt? Drei Sekunden, um sich die Gegenwart zu vergegenwärtigen, den zarten Atem des Augenblicks einzuhauchen und den Flug des Zeitpfeils zu beobachten – das ist aus irdischer Perspektive ein fürwahr kurzer Zeitraum. Dass die Zeit fließt und ihr ewiger Getreuer – der sich linear fortbewegende, nimmer greifbare oder einholbare Zeitpfeil – seinen Flug mit stoischer Gleichgültigkeit unbeirrbar fortsetzt, ohne etwas von seiner eigenen Existenz zu erahnen, zwingt uns, seiner Spur auf andere Weise zu folgen. Wir müssen tief in die vergangenen »Gegenwarten« blicken, zurück zu den Anfängen von Bewusstsein und Intelligenz gehen, ja sogar zurück bis zum Anfang aller Dinge, dem Urknall, der die Weichen für die Gegenwart und Zukunft unserer Spezies gestellt hat.

Dieser Philosophie folgend, schicken wir Sie, lieber Leser, mit diesem Buch auf eine chronologisch ungewöhnliche Zeitreise, bei der wir phantastische Zeitsprünge wagen, die uns zwingen, mal in der Gegenwarts- oder mal in der Vergangenheitsform zu erzählen. Es ist eine Exkursion durch Raum und Zeit, die uns vom Big Bang und dem Anfang der Zeitlichkeit über die Bildung der Materie und Entstehung erster Lebensformen bis hin zur ersten Wissensexplosion der Menschheit führt, wobei wir die Frage, wie Leben und Bewusstsein in die Welt kamen, vorrangig behandeln. Sie bildet nicht von ungefähr den roten Faden dieser Lektüre, die sich vornehmlich an Theorien und Modellen orientiert, die derweil das Gros der Wissenschaftler akzeptiert. Anstatt ein Geflecht einander widersprechender Hypothesen darzulegen, erzählen wir Ihnen »unsere« Version der Vergangenheit – kurz und knapp, ohne Wenn und Aber, so wie sie sich in den Grundzügen dereinst mit großer Wahrscheinlichkeit zugetragen hat. Bei alledem richten wir unseren Fokus ausschließlich auf die Entwicklung des irdischen Lebens. Die fraglos vielen Geschichten des Lebens, die in den Tiefen des Alls geschrieben wurden und in denen außerirdische Lebewesen die Hauptrollen mimten, sind für uns vernachlässigbar, weil kein irdischer Chronist sie kennt.

Gewiss, viele der von uns vorgestellten Fakten und Interpretationen wird mancher Experte naturgemäß anders sehen und deuten. Wo »Fakten« gehobelt werden, fallen Späne der Information. Vereinfachungen waren hie und da unumgänglich, der Mut zur Lücke obligatorisch, bisweilen sogar berechtigt, ist unser Wissen von dieser Welt doch selbst höchst lückenhaft. Denken Sie nur an die Geologen, Mikro- oder Meeresbiologen, die von ihren »Kosmen« bis heute bestenfalls nur kleine Ausschnitte kennen. Oder an die Astrophysiker, die von mehr als drei Vierteln der kos-

mischen Materie keine Rechenschaft ablegen können. Und nicht zuletzt an die Paläoanthropologen, die bislang nur 0,01 Prozent aller potenziellen fossilen Fundstücke ausgegraben haben. Mag sein, dass solcherlei Wissenslücken der Treibstoff für den Motor Wissenschaft sind. Andererseits durchsetzen sie aber auch die Inseln des Wissens und verwehren uns somit die Sicht auf das Ganze. Für uns Anlass genug, Ihnen mit dieser Lektüre die wichtigsten Gebiete dieser Wissensinseln näher vorzustellen und dabei eine andere wichtige Lücke zu schließen. Denn anders als das Gros der Literatur zur Evolution, das in der Regel Lexikoncharakter hat und vor Informationen und Theorien überquillt, heben wir die Zäsuren der *Welt*geschichte hervor, ohne den zuvor angesprochenen roten Faden aus den Augen zu verlieren.

Wer sich weiter in die Thematik vertiefen möchte, möge seine Neugierde mit entsprechenden Nachschlagewerken stillen oder sich die Bücher aus unserem Literaturverzeichnis zu Gemüte führen bzw. den dort aufgeführten Links folgen.

Dass uns dieses Buch besonders am Herzen liegt, hängt unter anderem auch mit den derzeit immer stärker werdenden kreationistischen Strömungen zusammen, deren Anhänger die Bibel beim Wort nehmen und den Anfang der Welt – in Anlehnung an die 1650 von James Ussher (1581–1656) tradierte Berechnung – mehrheitlich auf den 23. Oktober 4004 v. Chr. datieren. An diesem Tag markierte Gott angeblich in aller Herrgottsfrühe den Beginn der Genesis ...

Wenn wir ausdrücklich allen »Intelligent-Design«-Bestrebungen, mit denen Neokreationisten ihren Glauben wissenschaftlich zu untermauern versuchen, eine klare Absage erteilen, richtet sich unsere Kritik gleichwohl nicht gegen die Kirche oder generell gegen Religionen. Nein, Gott steht nicht außerhalb der Evolution. Glauben und Wissenschaft müssen nicht miteinander kollidieren oder einander ausschließen. Wer oder was auch immer dieses Universum geschaffen, welche Energieform oder Nicht-Energieform dem Kosmos dereinst Leben eingehaucht hat, bleibt das größte Geheimnis der 13,7 Milliarden Jahre währenden Geschichte unserer Welt, das auch wir nicht wissenschaftlich wegerklären können oder wollen.

Natürlich haben Menschen aller Kulturen zu allen Zeiten die Frage nach Gott aufgeworfen und den Sinn und Zweck unseres Universums und unseres eigenen Daseins hinterfragt. Seit dem Auftauchen des ersten mit Geist und Bewusstsein gesegneten Hominiden hat unser Planet mehr als 82 Milliarden menschenartiger Lebewesen kommen und gehen sehen. Ihr Wirken, ihre Taten und Untaten hat er als stummer Zeitzeuge stillschweigend ertragen. Und er wird mit uns auch weiterhin vorliebnehmen müssen – spätestens bis zum Jahre acht Milliarden nach Christus. Neuesten Berechnungen zufolge bläht sich dann unsere Sonne zu einem Roten Riesen auf und verschluckt die Erde mitsamt ihren »Bewohnern«, sofern unsere Art bis dahin noch existieren und an der interstellaren Raumfahrt keinen Gefallen gefunden haben sollte. Eine andere Schätzung besagt zudem, dass unser Universum irgendwann selbst das Zeitliche segnen wird. In einer Trillion Jahre (eine Eins mit 18 Nullen) droht ihm der Hitzetod.

Bis dahin haben wir allerdings noch etwas Zeit. Die Evolution, die in Bezug auf unsere Art (und einige Tier- und Pflanzenarten) inzwischen keine biologische mehr ist, sondern zu einer von Menschenhand geschaffenen technisch-elektronischen sowie biotechnologisch-gentechnischen mutiert, geht immer weiter – ob mit oder ohne uns. Gemessen an den Äonen, die das Universum noch durchleben muss, hat die Geschichte des Werdens und Vergehens gerade erst angefangen.

Wir wünschen Ihnen genauso viel Vergnügen beim Lesen, wie wir es beim Schreiben hatten.

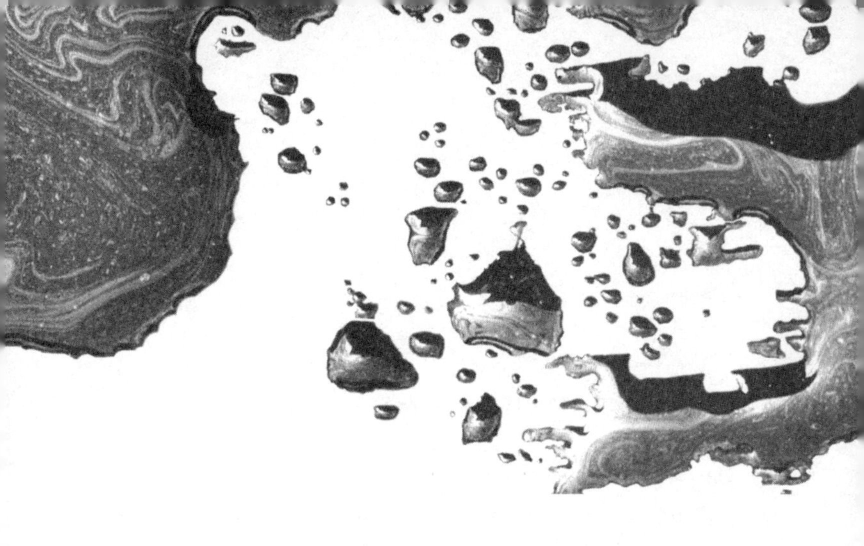

EINE GEWALTIGE OUVERTÜRE

Vom Urknall zur Planck-Zeit

Wir können nicht in große Entfernungen schauen, ohne gleichzeitig in die Vergangenheit zurückzublicken. In der Kosmologie sind Raum-, Zeit- und Objektfragen eng miteinander verflochten. Hans-Joachim Blome

Das Nichts sucht das Sein heim. Jean-Paul Sartre

Weshalb macht sich das Universum die Mühe, zu existieren?
Stephen Hawking

Die klassische Urknalltheorie beschreibt die Nachwirkungen der Explosion, doch sie unternimmt keinen Versuch zu erläutern, was »knallte«, wie es »knallte« und weshalb es »knallte«.
Alan Guth

Erste Szene des ersten Aktes

Das Nichts. Kein Leben. Kein Raum. Keine Zeit. Keine Ausdehnung. Kein Inhalt. Höhe, Länge, Breite und Volumen waren nicht existent. Kein Zeitpfeil flog, keine Uhr tickte. Nichts explodierte zu irgendeinem Zeitpunkt an einem bestimmten Ort. Nichts strahlte oder blitzte, nichts knallte 13,7 Milliarden Jahre vor Christus. Nur ein unendlich kleiner, unendlich dichter, unendlich heißer Punkt erfüllte das Nichts mit nicht näher definierbaren Teilchen und Kräften.

Als vor Urzeiten unsere Welt sozusagen ihr Licht erblickte, gab es weder eine Mutter-Welt noch schwirrten irgendwelche Lichtphotonen durch die blutjunge Weltgeschichte. Und doch war am Anfang nicht das absolute Nichts. Irgendwer oder irgendetwas befreite das Nichts am Beginn allen materiellen Seins aus seiner Nichtigkeit. Wer oder was dabei als Regisseur agierte, das Theater baute, die Requisiten besorgte und die Bühne zuschauergerecht platzierte, auf der auch unsere Spezies seit geraumer »Zeit« ihr Gastspiel zelebriert, steht noch nicht einmal in den Sternen, die als Folge des sogenannten Urknalls (Big Bang) die samtene Schwärze des Alls ein wenig mit Licht beleben. Sicher ist nur, dass der Urknall als denkbar gewaltigste Ouvertüre des ersten kosmischen Aktes ein grandioses

Schauspiel eröffnete, dessen Schlussakt bestenfalls sein Schöpfer kennt, aber sicherlich keine Menschenseele, geschweige denn eine außerirdische.

Es war eine Premiere ohne Generalprobe, die kein Zuschauer sehen und beklatschen, kein Auditorium hören, kein Kunstkenner kritisieren und kein Chronist protokollieren konnte. Schließlich setzte sich der Big Bang völlig unspektakulär, vollkommen geräuschlos und absolut lichtfrei in Szene. Als der Urknall in die Welt trat, um dieselbe zu formen, gab es kein Davor, weil vor der Zeit keine Zeit, vor dem Raum keine Räumlichkeit existierte. Nein, Zeit und Raum waren vor 13,7 Milliarden Jahren noch in einem undefinierbaren, unermesslich kleinen punktartigen Etwas von unvorstellbar hoher Energiedichte und Temperatur gefangen: der Anfangssingularität. Das punktartige Gebilde war unmessbar klein, grenzenlos heiß, unendlich massereich und stand außerhalb des Jenseits und Diesseits – im Niemandsland zwischen Metaphysik und Physik. Zwar war die Singularität mitnichten in der Raumzeit eingebettet, trotzdem war sie das Herz des Urknalls. Mit ihr begann das All zu pulsieren.

Was sich allerdings im Dunkeln der kosmischen Vorgeschichte jenseits von Raum und Zeit im Einzelnen abspielte, bleibt, zum Leidwesen der Historiker des Universums, ein ungeschriebenes Buch mit *acht* Siegeln – für und bis in alle Ewigkeit. Zu sehr übersteigt das größte Mysterium des Seins unser Vorstellungsvermögen, zu gering ausgeprägt sind unsere Imaginationskraft und mathematische sowie philosophische Intelligenz. Wie konnte uns die Schöpfung auch mit einem nur auf vier Dimensionen konditionierten Gehirn

bestücken, das einerseits komplexer und komplizierter strukturiert ist als das Universum selbst, andererseits aber trotz seiner Milliarden Neuronen und filigranen Netzwerke bis heute nicht fähig ist, den Ablauf des Big Bang zu erfassen? Mutet dies nicht alles wie eine bittere Ironie der kosmischen Geschichte an?

Apropos Geschichte: Beim Studium der Annalen der wissenschaftlichen Theorien über den Urknall begegnen wir einem erstaunlichen Kuriosum, das der Erwähnung bedarf. In verschiedenen Menschheitsepochen wurde die Idee des Urknalls in vielen Kulturen im Kern angedeutet. Was unsere Urahnen in ihren Mythen zu Papyrus brachten und Astrophysiker heute mit dem wissenschaftlich fundierten Urknallmodell vorlegen, hat zumindest in einem Punkt scheinbar eine gemeinsame Wurzel. Historisch gesichert ist: In vielen überlieferten Darstellungen der Ägypter, der nordamerikanischen Indianer, der Sumerer oder der Chinesen stoßen wir auf Bilder, die die Erschaffung der Welt auf eine Lichtexplosion zurückführen. Ausgehend von dem Credo, dass nichts aus dem Nichts kommen kann, versuchten vor allem die Philosophen der Antike – kraft ihrer Geistespräsenz und Kreativität – den Urzustand der Welt und den Urstoff der Materie zu erklären. So weist der Weltentstehungsentwurf des ionischen Philosophen Anaximander (um 610–546 v. Chr.) gar urknallähnliche Züge auf. Seiner Ansicht nach entstand die Welt aus einem zeugungsträchtigen Samenkorn des Heißen und Kalten – und zwar durch »Abtrennung«. Am Anfang war »das Grenzenlose« (Ápeiron), auf das später eine Art Explosion erfolgte, aus der sich dann alle Himmelskörper ausbilden sollten. Ist dies wirklich reiner Zufall, oder schimmert hier ein intuitives Wissen durch, mit dem uns die Evolution versehen hat? Tragen wir womöglich sogar das Gedächtnis des Universums in uns?

Das Problem, mit dem Urknall-Experten hadern, ähnelt dem Schicksal frustrierter Archäologen, die ein riesiges antikes Mosaikbild zusammenzusetzen versuchen, ohne dabei von dem Gesamtbild Kenntnis zu haben, geschweige denn das Gros der Mosaiksteine zu besitzen oder deren potenzielle Fundorte zu kennen. Ja, es sieht danach aus, als hätte der Urknall all seine Geheimnisse mit in die Inflationsphase genommen. Wer etwas über den Beginn der Welt wissen will, muss den Nachhall, das Echo des Urknalls – sprich die kosmische Mikrowellen-Hintergrundstrahlung – wie ein Chirurg sezieren und wie ein Detektiv unter die Lupe nehmen, wohl wissend, dass diese kosmologische Standardtheorie über den Beginn der Welt nichts erzählt, sondern bestenfalls etwas von den Nachwirkungen einer »Explosion«, die noch nicht einmal etwas mit einer klassischen Explosion gemein hatte, ja, für sich gesehen überhaupt noch nicht einmal ein Ereignis war. Denn so paradox dies klingen mag – der Big Bang war kein »Ereignis«, nichts, das sich »ereignete«. Schließlich lebt ein Ereignis von seiner Vierdimensionalität: von den drei räumlichen Koordinaten und der Zeitdimension. Und da diese damals partout fehlten, war der Urknall weder ein historisches Ereignis noch eine Explosion im irdischen Sinn. Nein, der Urknall bzw. die damit einhergehende Pseudo-Explosion füllte vielmehr das gesamte Universum »zeitgleich« aus. So gesehen hat der Urknall gleichzeitig an jedem Punkt dieses Universums und

an jedem bestimmten Ort stattgefunden. Wo auch immer in diesem Kosmos Geschichte geschrieben wurde – an jedem dieser Orte fand dereinst auch der Urknall statt, weil am Anfang dieser Welt alle Orte ein und derselbe Ort waren. Bei alledem war der Big Bang mehr als nur der Vater von Zeit, Raum und Materie. Er, dessen Singularität selbst von Unendlichkeiten geprägt war, kreierte mit dem Werden der Welt drei weitere Unendlichkeiten, die unser heutiges Dasein radikal bestimmen. Zum einen setzte er – selbst einer unendlich kleinen Singularität entsprungen – das unendlich Kleine in die Welt, sprich die Elementarteilchen bzw. die Quarks, die sich in puncto Größe beinahe im Nichts verlieren. Zum anderen erweist er sich als Vater des unendlich Großen, worunter die Galaxien und das expandierende Universum selbst fallen, dessen Grenzen bislang niemand zu ziehen vermag. Und zum Dritten das unendlich Komplexe selbst: das Leben bzw. seine Vielfalt, sein grenzenloser Ideenreichtum und seine unendliche Mutationsfähigkeit. Der Big Bang ist der Vater aller Dinge – ob diese materieller oder immaterieller, organischer oder anorganischer Natur, ob sie extrem klein, groß oder komplex sein mögen.

Als der Zeitpfeil das Weite suchte

Wäre es Ihnen vergönnt gewesen, vor 13,7 Milliarden Jahren jenseits von Zeit und Raum einen Sitzplatz zu ergattern, um diese erste Szene des ersten Aktes in natura zu bestaunen, wären Ihre fünf Sinne aufs Äußerste gefordert gewesen. Schließlich ging und verging damals alles sehr schnell –

extrem schnell. Ein Beobachter hätte sich den Augenblick eines kurzen Augenzwinkerns nicht leisten dürfen, verrichtete doch der Urknall sein kreatives Werk binnen des Mikrobruchteils eines Wimpernschlags. Wie extrem kurz die Aufbauphasen der Welt waren, führt uns die sogenannte Planck-Zeit (tPL) drastisch vor Augen. Sie bildet die absolute Grenze der klassischen Beschreibung von Raum und Zeit und definiert den denkbar frühestmöglichen Zustand der Welt, wie er 10^{-43} Sekunden nach dem Urknall gewesen ist. Wer noch tiefer in die Vergangenheit des Urknalls eintauchen will, dem stellen sich die Gesetze der Physik entgegen. Die Planck-Zeit war der Beginn der Zeit, der »Zeitpunkt«, an dem gewissermaßen der Zeitpfeil abgeschossen wurde. Sie ist auch heute noch das kürzeste messbare Zeitintervall. Mit anderen Worten: Nicht mit dem Urknall trat die Zeit in die Welt, sondern erst 0,0000000000000000000 000000000000000000000001 Sekunden »danach«. Dem Zeitpfeil blieb also nicht viel Zeit, von der Singularität des Urknalls Abschied zu nehmen. Angesichts von Temperaturen von mehr als 100 000 000 000 000 000 000 000 000 000000 Grad Celsius, die während der ersten Millisekunde vorherrschten, verwundert es daher nicht, dass der Zeitpfeil schnell das Weite suchte. Das Gleiche galt für die Loslösung des Raumes aus der Urknall-Singularität. Sie vollzog sich fast zeitgleich mit dem Jungfernflug des Zeitpfeils.

Die Theaterkritiker und die Expansion des Raumes

Wissenschaftshistorisch lädt die Tatsache schon zum Schmunzeln ein, dass sich das klassische astrophysikalische Urknall-Modell nur deshalb so zügig etablieren konnte, weil ein katholischer Priester, ein ehemaliger Maultiertreiber sowie ein Ex-Preisboxer nicht lockerließen. Zu einem Zeitpunkt, da in dem Weltbild der Astronomen nur für ein statisches Universum, eine Welt ohne Anfang und Ende, Platz war, aber für eine Expansion des Kosmos kein Raum blieb, legte der belgische Geistliche Abbé Georges E. Lemaître (1894–1966) die erste Fassung seiner Publikation *Die Hypothese des Uratoms* (1927) vor. In ihr markierte der Priester und ausgebildete Astronom die Zäsur. Er behauptete, der Kosmos sei aus einem einzigen ursprünglichen Energiequantum hervorgegangen. Dass Lemaître die Idee des Urknalls auf geradezu geniale Weise antizipierte, wusste auch Albert Einstein (1879-1955) zu würdigen, der diese als schönste und beste Erklärung der Entstehungsgeschichte bezeichnete. Einstein, zunächst selbst ein überzeugter Anhänger eines statischen Universums und somit ein entschiedener Gegner eines aus einem Uratom gewachsenen Kosmos à la Lemaître, änderte seinen Standpunkt erst 1930 – nach einem Treffen mit dem amerikanischen Astronomen Edwin Hubble, der Einstein mit seinem 100-Zoll-Teleskop auf dem Mount Wilson jene sensationelle Entdeckung vor Augen führte, die ihn zuvor in die Schlagzeilen gebracht hatte. 1923 war Hubble mithilfe seines Assistenten, Milton L. Humanson (1891–1972), der sich vom Maultiertreiber auf Mount Wilson zum Pförtner der Sternwarte bis zum Mitarbeiter und später wichtigsten Assistenten Hubbles hochgearbeitet hatte, ein wahres Husarenstück gelungen. Hubble, der beinahe Anwalt geworden wäre, ja, eine kurze Zeit lang sogar über eine Profikarriere als Boxer sinniert hatte, wurde seiner eigentlichen Berufung gerecht. Mit der Entdeckung der Andromeda-Galaxie gelang ihm der Nachweis, dass neben unserer Galaxis in der Weite des kosmischen Wüstenmeers noch unzählige andere Galaxien driften. Fortan war klar, dass das Universum viel größer war als angenommen. Als Hubble 1929 mittels seines leistungsstarken Fernrohrs und mithilfe der Spektralanalyse das einfallende Licht weit entfernter »Welteninseln« sezierte, beobachtete er zudem eine Verschiebung der Spektrallinien zum roten Ende des elektromagnetischen Spektrums, also zu den größeren Wellenlängen hin. Diese Rotverschiebung erlaubte nur eine Interpretation: Die von ihm observierten Galaxien bewegen sich von der Erde fort. Das Weltall expandiert. Gleich einem Luftballon bläht sich der Raum auf und sorgt auf diese Weise für ein Auseinanderdriften der »Milchstraßen«, wobei sich fraglicher Raum jedoch nicht in einem bereits bestehenden Raum ausdehnt. Neuesten Forschungen zufolge geht diese Expansion als Folge der Dunklen Energie mit zunehmender Geschwindigkeit vonstatten – womöglich bis in alle Ewigkeit.

Dieser Prozess manifestiert sich am deutlichsten in der Fluchtgeschwindigkeit der Galaxien. Mit welcher Geschwindigkeit sich die räumliche Ausdehnung vollzieht, beschreibt das Hubble'sche Expansionsgesetz, bei dem die Hubble-Konstante den Wert der Fluchtgeschwindigkeit definiert.

Die Formel ist einfach: Je weiter eine Galaxie von uns entfernt ist, desto größer ist ihre Fluchtgeschwindigkeit. Kein Wunder, dass die Hubble-Konstante daher von zentraler Bedeutung ist, erlaubt sie doch Rückschlüsse auf das Alter der Welt. Neuesten Messungen zufolge beträgt ihr aktueller Wert 72 Kilometer pro Sekunde und Megaparsec (1 Megaparsec = 3,3 Millionen Lichtjahre). Kehren wir – ausgehend von diesem Wert – im Gedankenexperiment die Expansionsbewegung um, gelangen wir unweigerlich an einen Punkt, an dem Materie, Raum und Zeit einst in der Urknall-Singularität vereinigt gewesen waren.

Entdeckung der Hintergrundstrahlung

Neben der Rotverschiebung hat sich vor allem die Mikrowellen-Hintergrundstrahlung als das zweite Standbein der Urknall-Theorie etabliert. Sie entstand 380000 Jahre nach dem Big Bang, als die Ursuppe im Zuge der Abkühlung des Universums nur noch eine Temperatur von etwa 3700 Grad Celsius hatte und Protonen und Elektronen zu den ersten Atomen (griech. atomos = das Unteilbare) zusammenfanden, die ihrerseits das erste Licht generierten. Charakteristisch für das kosmo-archaische Echo des Urknalls ist eben seine Strahlung im Mikrowellenbereich. Sie liegt etwa bei 2,72 Kelvin (minus 270,43 Grad Celsius), weshalb sie in der Physik auch als 3-K-Strahlung Bekanntheit erlangt hat. Einer der Ersten, der die Bedeutung dieses fossilen Lichts ansatzweise erkannte, war der russisch-amerikanische Physiker George A. Gamow (1904–1968), der bereits 1946 die

Theorie des »heißen« Anfangs« postulierte. Hierunter stellte sich Gamow einen zu Neutronen zusammengequetschten Wasserstoffklumpen vor, der sich langsam wie ein Luftballon aufbläht. Während der Abkühlung sei dann eine Urstrahlung übrig geblieben, die allgegenwärtig gewesen sei und sich aufgrund der schnellen Ausdehnung des Universums auf eine Temperatur von ungefähr fünf Grad über dem absoluten Nullpunkt abgekühlt hätte. Die erste praktische Probe aufs Exempel machte indes Robert Dicke von der Universität Princeton in New Jersey. Ausgehend von der Überlegung, dass die vermutete Hintergrundstrahlung immer noch nachweisbar sein müsse, suchten Dicke und sein Team mithilfe einer selbst konstruierten Apparatur gezielt nach Strahlungsquellen im All, die kühler als minus 253,15 Grad Celsius waren – ohne Erfolg. In den Genuss, das kosmische Rauschkonzert des zweiten Aktes der Urknall-Ouvertüre erstmals in natura zu hören, kamen währenddessen zwei Nicht-Kosmologen: Arno A. Penzias und Robert W. Wilson von den amerikanischen Bell Telephone Laboratories (New Jersey). Mit der 6,60 Meter langen Hornantenne von Holmdel wurden sie im Jahr 1964 »Ohrenzeugen« einer anhaltenden Mikrowellenstrahlung (auf einer Wellenlänge von 7,35 Zentimetern), die aus allen Himmelsrichtungen in der gleichen Intensität und der gleichen Temperatur von minus 270,15 Grad Celsius eintraf. Nachdem die meisten Störquellen ausgeschaltet waren, zeigte sich, dass die detektierte, sehr langwellige und isotrope Radiostrahlung nichts anderes war als ein kosmisches Relikt, sozusagen ein Nachglühen des Urknalls, ein

Nachklang der Geburtswehen des Universums, der von allen Seiten kommend das Universum gleichmäßig erfüllt.

Ähnlich Paläontologen, die versteinerte Dinosaurierknochen studieren, um das Leben und Alter urzeitlicher Tiere zu rekonstruieren und zu bestimmen, haben Astronomen die fossile Strahlung einstweilen minutiös durchleuchtet, gemessen und sogar kartografiert. Entscheidenden Anteil hieran hatte die NASA-Forschungssonde COBE (Cosmic Background Explorer), die von 1992 bis 1996 die Hintergrundstrahlung durchleuchtete und dabei Falten im Raum-Zeit-Gewebe des Kosmos in Form von winzigen Schwankungen und minimalen Temperaturunterschieden ausmachte. Ein Phänomen, das Experten Anisotropie nennen und das Schlüsse auf den Urzustand des Alls erlaubt – und vor allem die Richtigkeit des Urknall-Modells stützt. Bestätigung fanden diese Ergebnisse 2003, als die NASA-Sonde WMAP (Wilkinson Microwave Anisotropy Probe) die Temperaturunterschiede in der Hintergrundstrahlung bis auf ein Millionstel Grad genau berechnete und eine noch exaktere 360-Grad-Karte der Urzeit unseres Universums erstellte. Es ist das bislang schärfste Bild vom »Feuerballstadium«, das zugleich auf farbenfrohe Art visualisiert, wie dieses 380000 Jahre nach dem Urknall einmal »ausgesehen« hat, als Sterne und Galaxien noch nicht existierten.

Und es gibt weitere starke Indizien für die Urknalltheorie: So spricht beispielsweise die heutige mittlere Dichte der beobachtbaren leuchtenden Materie im Kosmos, die sich in Sternen oder im interstellaren Gas und Staub befindet, ganz eindeutig für das Big-Bang-Szenario. Das Gleiche gilt für den Anteil der Elemente Helium, Lithium und Deuterium in der Urmaterie vor der Bildung der Sterne. Nicht zuletzt können Astronomen mit der Analyse des radioaktiven Zerfalls in Meteoriten, aber auch aus der Entwicklungszeit von Kugelsternhaufen und der Abkühlzeit von Weißen Zwergsternen das Alter der Welt sehr exakt bestimmen. 13,7 Milliarden Jahre nach dem Urknall belegen diese Beobachtungen, dass unser Universum seine Geburtsmikrosekunde vor sage und schreibe 13,7 Milliarden Jahren zelebrierte – an einem Tag, der ein Tag ohne Gestern war.

INFLATION UND TANZ DER MATERIE

Siegeszug von Raum, Zeit und Materie

Unterstellt man die Annahme, dass der Kosmos als Planck-Universum begann, dann ist eine inflationäre Expansion unabdingbar, um die Dimension des heutigen Universums zu erreichen. Derzeit existieren dafür mehr als 50 verschiedene Ansätze; keiner davon kann wirklich definitiv und exakt eine euklidische Geometrie vorhersagen. Hans-Joachim Blome

Das Nichts und die Intoleranz der Naturgesetze

Das Universum wagt den Schritt aus dem Nichts ins Sein. Der licht- und lautlose Urknall, der sich vor dem Bruchteil des Bruchteils einer Millisekunde »ereignet« hatte, hat die erste Seite im Buch der kosmischen Annalen aufgeschlagen, ist aber bereits jetzt schon Geschichte. Denn circa 0,0000000000000000000000000000000000000000001 Sekunden nach dem Big Bang durchdringt erstmals ein zartes Ticken das All. Es ist das uhrlose Ticken der Zeit, das sich Gehör zu schaffen versucht. Materiell und räumlich gesehen ist noch nichts Angemessenes vorhanden, was unserer Anschauung gemäß als »Etwas« bezeichnet werden könnte. Selbst das kosmische Buch der ungeschriebenen Naturgesetze, das unsichtbar, form- und geräuschlos und urplötzlich mit aller Macht in die Welt drängt, ist immateriell. Die Gesetze der Physik haben fortan das Sagen. Den Bruchteil einer Mikrosekunde zuvor hatte dies noch völlig anders ausgesehen. Die uns heute bekannten Naturgesetze hatten noch keine Gültigkeit; der erste Anfang, der Beginn von allem, das war der Tag ohne Gestern.

Wem bei solchen Gedankengängen das Vorstellungsvermögen einen Strich durch die Rechnung macht, kann sich beruhigt zurücklehnen und auf der sicheren Seite der

Erkenntnis fühlen. Denn die Sinnesorgane, die unser Überleben als *Homo sapiens sapiens* sichern, sind das Ergebnis einer Abfolge von Entwicklungsschritten. Anders als in zeitlichen Folgen wie Vergangenheit, Gegenwart und Zukunft zu denken übersteigt unsere Imaginationskraft. Unser Gehirn kann letzten Endes nicht anders, als nach Ursachen zu fragen, die es aufgrund von Wirkungen in seiner Erfahrungswelt vermuten muss. Schließlich folgt unser Denkapparat konsequent nur einer Devise: Von und aus dem Nichts kommt nichts! Und diesem Wahlspruch gemäß kann unser Universum nicht aus dem Nichts gekommen sein, denn es ist unbestreitbar existent – es ist einfach »da«. Ähnlich wie den Künstlern zu Beginn des 20. Jahrhunderts, etwa den Dadaisten, die sich mit skurrilen Geschichten, Gedichten und Erzählungen dem Druck der Technik und der Moderne zu entziehen versuchten, ergeht es uns bei der Rede vom Anfang des Universums, dem surrealen Anfang von allem. Irgendwie bringt uns die Frage nach der Ursache des Universums, die selbst keine Ursache haben darf, in eine unangenehme Bredouille. In der Logik sprechen wir von einem unendlichen Regress. Die Frage nach der Erstursache lässt sich einfach nicht stellen und schon gar nicht beantworten.

Der Erfolg moderner Naturbeschreibung liegt in einem Satz der vorsokratischen Philosophie begründet, der auf den ersten Blick nichtssagend klingt, beim genaueren Hinschauen jedoch vielsagend ist: Die Natur ist »Eins«! Was bedeutet dies genau? Nun, diese Worte sagen uns, dass die Frage nach dem Ursprung der Materie sowie der sie zusammenhaltenden Kräfte untrennbar mit der Frage nach dem

Ursprung des Universums verknüpft ist, denn die Natur ist alles »das«, was existent ist, ob wir dies nun mit unseren Sinnen oder technischen Instrumentarien erfassen können oder nicht. Die Natur ist »Eins«, weil sie keine Inseln der metaphysikalischen Glückseligkeit erlaubt, auf denen beispielsweise Uhren rückwärtslaufen oder Menschen aus eigener Kraft fliegen können. Und die Natur ist »Eins«, weil sie zumindest im Makrokosmos keine Oasen der Surrealität kennt. Nein, eines über das »Eine« ist gewiss: In unserem 13,7 Milliarden Jahre alten Universum gelten alle Naturgesetze immer und überall, hier – heute – gestern – morgen – übermorgen, fernab des Sonnensystems und fernab der Milchstraße. Sie regieren als unsichtbare Diktatoren das Universum mit kühler und eiserner Strenge, fordern von Materie, Raum und Zeit, aber auch von uns allerorts respektive zu allen Zeiten Gehorsam und sind zu keinerlei Kompromiss bereit. Sie beanspruchen von sich, immer recht zu haben, und haben, zum Leidwesen von Science-Fiction-Fans oder esoterisch angehauchten Phantasten, immer recht.

Wie klein war der Punkt, wie hoch die Temperatur am Anfang?

Die Naturgesetze haben auch bei der Ausdehnung des Universums das Zepter fest in der Hand. Selbst die »überlichtschnelle« Expansion des Raumes, die Inflationsphase, auf die wir noch zu sprechen kommen, kann der Allmacht der Naturgesetze nicht entfliehen. Der Raum wächst, weil die Gesetze es so wollen. Kein Tag ist wie der andere, weil alles, was heute expandiert, gestern noch kleiner war und morgen umso größer ist. Es ist ein Gedankenspiel, das sich beliebig fortsetzen lässt: entweder voran in Richtung Zukunft oder zurück gen Vergangenheit. Eines, das unweigerlich die Frage aufwirft, wie tief wir in die Vergangenheit eintauchen können, ohne dabei mit den Naturgesetzen in Konflikt zu geraten. Die Antwort hierauf ist unmissverständlich: Der ultimative Punkt, an dem die Naturgesetze enden und beginnen, ist die Anfangssingularität des Urknalls, genauer gesagt jener Ur-Punkt, der 10^{-43} Sekunden (Planck-Zeit) nach dem Urknall mindestens eine Größe von 10^{-33} Zentimetern, das heißt von einem millionstel milliardstel milliardstel milliardstel Zentimeter (Planck-Länge), hatte. Unendlich klein war der Anfang der Welt, die keinen Anfang hatte, daher nicht.

Wir wissen, dass, sobald ein Raum mit Strahlung und Materie zusammenschrumpft, in ihm die Temperatur zunimmt. Je kleiner der Raum ist, desto häufiger stoßen die materiellen Teilchen miteinander und überdies mit der Strahlung zusammen. Und je mehr der Raum schwindet, desto höher wird die Bewegungsenergie der Partikel, mit der Folge, dass sie sich immer schneller bewegen. Lassen wir in unserem Gedankenexperiment einmal den kosmischen Film rückwärtslaufen und stellen uns vor, wie das Universum immer kleiner wird. Bei einem solchen Szenario müssen wir dem Umstand Rechnung tragen, dass das All immerfort heißer wird. Und da ein kleineres Universum gemäß unserer Gedankenfolge auch ein immer jüngeres Universum ist, muss das ganz frühe Universum noch kleiner und heißer gewesen sein.

So weit können Sie uns noch folgen, nicht wahr? Aber jetzt machen wir einen fiktiven Sprung, einen hypothetischen Gedankensprung. Jetzt heißt es genau lesen und zur Not ein zweites Mal. Zunächst einmal fragen wir uns, bis zu welchem Punkt bzw. welcher Temperatur wir zurückgehen können – anders gesagt: Wie klein war der Punkt bzw. wie hoch die Temperatur am Anfang aller Dinge? War beispielsweise die Temperatur unendlich hoch? Hierauf gibt es tatsächlich eine eindeutige Antwort. Und die heißt *nein*! Um dies zu verstehen, müssen wir uns – unter Berücksichtigung der allgemeinen Gültigkeit der Naturgesetze im ganzen Universum – den Zusammenhang von Energie und Masse vor Augen halten. Nach dieser berühmtesten aller physikalischen Formeln entspricht Energie dem Produkt aus Masse und dem Quadrat der Lichtgeschwindigkeit ($E = mc^2$). Da die Temperatur ein Maß für die Wärmeenergie ist, entspricht sie immer einer Masse. Die leichtesten Teilchen, aus denen Atome bestehen, sind die elektrisch negativ geladenen Elektronen, die die positiv geladenen Atomkerne umschwirren. Ihre Masse (die Masse der Elektronen) entspricht einer Temperatur von rund fünf Milliarden Grad Celsius. Wenn in unserer Überlegung das Universum schon so weit geschrumpft ist, dass seine Temperatur fünf Milliarden Grad Celsius beträgt, geschieht etwas ganz Erstaunliches: Die schweren Teilchen verwandeln sich in Strahlung, und die Strahlung selbst wiederum verwandelt sich in Partikel (beides sind Formen von Energie, Masse ist gewissermaßen geronnene Energie). Bei einer Temperatur von fünf Milliarden Grad Celsius verlieren wir also unsere erste Teilchensorte: die Elektronen. Da jene Teilchen, die den Atomkern aufbauen, die positiv geladenen Protonen und die elektrisch neutralen Neutronen, rund zweitausend Mal schwerer sind als die Elektronen, lösen sie sich erst bei entsprechend höheren Temperaturen von einigen Billionen Grad Celsius völlig auf. Ihr Verschwinden in Energie vollzieht sich in mehreren Schritten, denn sowohl Neutronen als auch Protonen bestehen ihrerseits aus weiteren Teilchen: den Quarks.

In unserer Gedankenfolge können wir das Universum so weit schrumpfen lassen, dass alle Teilchen, die heute unsere Welt aufbauen, sich in Energie umwandeln. Glauben wir den modernen Theorien der Kosmologie, dann ist das Universum im Moment der Auflösung der Neutronen und Protonen gerade einmal eine Milliardstelsekunde alt und noch ziemlich klein. Verglichen mit »unendlich klein« ist es aber immer noch »unendlich groß«. Da muss also zuvor noch einiges geschehen sein. Und tatsächlich – wie die Experimente in den modernen Beschleunigeranlagen der Elementarteilchenphysiker zeigen – werden heute durch das Aufeinanderschießen von ganz schnellen Teilchen Temperaturen von bis zu einer Billiarde Grad Celsius erreicht. Sozusagen als Abfallprodukt entstehen dabei ganz neue Teilchen. Diese Partikel sind im heutigen Universum nicht mehr vorhanden und können nur in besonders aufwendigen Versuchen für ganz kurze Zeit erzeugt werden. In den frühen Phasen des Universums aber stellen diese merkwürdigen Teilchen die natürlichen materiellen Bestandteile dar. Damals war im Kosmos alles kleiner und heißer. Hier versagt die Praxis und beginnt die Theorie. Demnach können wir zumindest gedanklich das Universum bis auf eine Größe

von 10^{-33} Zentimetern in seiner Entwicklung zurückverfolgen. Es ist dann aber schon 10^{-43} Sekunden alt, also schon sehr weit weg von dem Zeitpunkt null. Das kleinste physikalisch denkbare Universum ist 20 Größenordnungen kleiner als ein Proton und hat eine Temperatur von sage und schreibe 10^{32} Grad Celsius. So, jetzt sind wir erst mal am Ende unserer gedanklichen Möglichkeiten. Jetzt ruhen wir uns aus. Vielleicht legen Sie sich einfach Ihre Lieblingsmusik auf und entspannen ein wenig. Wir warten auf Sie.

Der Higgs-Feld-Effekt

Wieder da? Okay, schauen wir uns nochmals an, wo wir momentan in der Entwicklung des Universums stehen: Die uns vertraute Materie ist noch nicht vorhanden, das Universum fast zu einem Nichts zusammengefaltet. Bleibt also zu klären, welche Kraft das winzige Universum räumlich gestaltet und in welchem Verhältnis diese Kraft zu den Teilchen und den anderen Kräften steht, die die Materie zusammenhalten. Bei alledem steht eine weitere Frage im Raum, an der wir nicht vorbeikommen: Woher bekommen die Teilchen eigentlich ihre Masse, wieso sind sie schwer, gewichtig, aber nicht übergewichtig?

Das sind in der Tat materielle Kardinalfragen, geht es doch bei ihnen um die wichtigste Eigenschaft des Kosmos – um die Kraft, die aus dem Nichts kommt. Hierbei handelt es sich um ein Etwas, das das ganze Universum als geheimnisvolles unsichtbares Energiefeld durchzieht. Benannt ist es nach seinem Entdecker Peter Higgs (geb. 1929): das Higgs-

Feld, das für die Massen der Teilchen verantwortlich ist. Je nachdem, wie intensiv die jeweiligen Teilchen mit diesem Feld in Wechselwirkung treten, werden sie schwerer oder leichter, werden sie elektrisch geladen oder nicht. Kurzum, alle Eigenschaften der Teilchen lassen sich vor dem Hintergrund, dass das gesamte Universum komplett und kontinuierlich von diesem Feld durchsetzt ist, plausibel erklären.

Auch wenn es nicht mehr als blanke Theorie ist, so wartet dennoch die ganze Welt der Physik auf die ersten Ergebnisse des größten Experiments aller Zeiten mit dem Large Hadron Collider (LHC) in der Schweiz. Dieser Beschleuniger soll durch den Zusammenstoß sehr schwerer Teilchen ganz besonders hohe Energien erzeugen. Sollte sich die Theorie des Higgs-Feldes als korrekt erweisen, dann könnte dank des LHC-Experiments der Nachweis ganz bestimmter Partikel gelingen, die Aufschluss über die Urphase des Kosmos geben. Ob dies wirklich gelingt, wird die Zeit zeigen. Bestätigt sich dieses Modell, dann ist offensichtlich, dass die fundamentalen Eigenschaften der allerkleinsten Teilchen mit der Entwicklung des expandierenden Universums aufs Allerengste verbunden sind. Schließlich spielt das Higgs-Feld eine ganz besonders wichtige Rolle zu der Zeit, in der das Universum immer noch viel, viel kleiner ist als ein Atomkern. Die Physik, die diese Welt der allerkleinsten Teilchen sehr erfolgreich erklärt, ist die Quantenmechanik. Deren zentrales Ergebnis wird in folgendem kurzen Satz zusammengefasst: Alles schwankt! Alle Eigenschaften, ob Ort oder Zeit, Impuls oder Energie, sie alle pendeln und schwanken um bestimmte Werte. Das Gleiche gilt auch für alle Kraft- und Energiefelder und natürlich auch für das Higgs-

Feld. Wenn allerdings, in einem äußerst unwahrscheinlichen Fall, hin und wieder Energiefelder wie das Higgs-Feld über manche Grenzen hinausschwingen, kann ein einmaliger, nicht wiederholbarer Vorgang in Gang gesetzt werden. Die Quantenmechanik schafft es tatsächlich, selbst diesen fast unmöglichen Vorgang zu erklären. Die Entstehung des Universums ist ein solcher absolut singulärer Vorgang, der unserem heutigen Erkenntnisstand zufolge nur einmal in der kosmischen Welt(en)geschichte geschehen ist. Etwas Einzigartiges wie ein Universum entsteht höchst selten, bestenfalls einmal und allenfalls keinmal. Machen wir uns diesen besonderen Umstand, diese Einmaligkeit von etwas fast Unmöglichem anhand eines anderen besonderen physikalischen Vorgangs klar: dem unterkühlten Wasser!

Unter normalem Druck und bei natürlichen Temperaturbedingungen ist Wasser bei plus zehn Grad Celsius flüssig, wohingegen sich bei Temperaturen unter null Grad Celsius sein Aggregatzustand von flüssig zu fest ändert. Es gefriert. Dieser Vorgang nennt sich Phasenübergang. Rekapitulieren wir: Der natürliche Zustand von Wasser bei Temperaturen unter null Grad Celsius ist Eis, Wasser gewinnt an Festigkeit unter null Grad Celsius. Kühlt man hingegen unter Laborbedingungen flüssiges Wasser in absolut sterilen Glasgefäßen extrem langsam unter null Grad Celsius ab, bleibt es interessanterweise flüssig. Unter ganz besonderen Bedingungen, völlig isoliert von allen äußeren Störungen, gelingt es sogar, Wasser bis auf minus 17 Grad Celsius abzukühlen, ohne dass es gefriert. Voraussetzung hierfür ist, dass beispielsweise keine Geräusche – und seien diese noch so gering – das Wasser in Schwingungen versetzen, kein Staubkorn ins Reagenzglas fällt. Nur wenn überhaupt nichts das langsam abkühlende Wasser stört, bleibt es auch bei Temperaturen weit unter null Grad Celsius flüssig. Dieser Effekt des unterkühlten Wassers ist eigentlich ein unmöglicher Zustand, der in unserer realen Welt nicht vorkommt. Wasser wird auch in Zukunft auf der Erde, wo Störquellen en masse vorhanden sind, nach wie vor zu Eis erstarren, sobald die Lufttemperatur unter null Grad Celsius fällt. Selbst im Experiment reicht schon ein leichtes Flüstern an der Eingangstür des Labors aus – und von einem Moment zum nächsten springt das unterkühlte Wasser vom »falschen« in den »richtigen« Zustand über. Bei diesem sprungartigen Phasenübergang wird Kondensationsenergie frei, weil die im flüssigen Wasser einigermaßen frei beweglichen Wassermoleküle beim Gefrieren in Kristalle eingepfercht werden und somit ihre Bewegungsenergie abgeben. Genau einen solchen sprunghaften Vorgang wie das unterkühlte Wasser macht auch das Universum unmittelbar nach dem Urknall durch. Als am Anfang des Anfangs das schwankende Higgs-Feld im falschen Zustand infolge seiner unbeständigen Natur in einen Bereich pendelt, in den es eigentlich nicht pendeln soll, kommt es schlagartig zu einer winzigen Schwankung, die alles verändert. Blitzartig fällt das Universum in seinen »richtigen« Zustand zurück. Wie bei der unverhofften Kondensation des flüssigen unterkühlten Wassers in unserem Beispiel wird auch beim Sprung des Higgs-Feldes enorm viel Energie frei. Extrem viel. Die ausgestoßene Energie ist dermaßen exorbitant hoch, dass es das Universum fast zerreißt. Es kommt zur Inflation. Unter Inflation (lat. *inflatio*:

Anschwellen, Aufblasen) verstehen wir die Phase extrem schneller und großskaliger Ausdehnung des Kosmos, die sich in einem Zeitraum von circa 10^{-35} bis 10^{-30} Sekunden nach dem Urknall vollzieht. Innerhalb dieser immens kurzen Zeitspanne bläht sich das All um den unvorstellbar gigantischen Faktor 10^{50} auf. Gäbe es zu dieser Zeit Licht und ausreichend Raum (was aber nicht der Fall ist), könnte man getrost sagen, dass es mit »Überlichtgeschwindigkeit« auseinanderrast. Jedenfalls ist das Volumen des neu kreierten Raumes, der im Zuge dieses dynamischen kosmischen Parforceritts Form annimmt und sich dann in den Dimensionen Höhe, Länge und Breite verliert, immens.

Die Expansion verbraucht fast den ganzen Rest der überschüssigen Energie. Schließlich wird die Ausdehnung immer langsamer, bis sie jene Werte erreicht, die Astronomen heute beobachten. Was diese gegenwärtig sehen, ist ein schwacher Abglanz des explosionsartigen Auseinanderreißens des Raumes: die inflationäre Expansion. Natürlich können wir das Geschehen während und vor der Inflationsphase auch mit den besten Teleskopen genauso wenig sehen wie das Abbild des Urknalls. Anhand theoretischer Modelle jedoch gewinnen wir schnell die Gewissheit, dass unser Universum viel, viel größer ist, als zuvor angenommen. Hinzu kommt die Erkenntnis, dass die kosmische Hintergrundstrahlung bis auf ganz schwache Schwankungen absolut homogen ist und in alle Raumrichtungen gleich stark emittiert. Bei alledem wird den Astronomen schnell klar, dass das Universum größer als der Horizont ist, der sich aus dem Alter des Universums multipliziert mit der Lichtgeschwindigkeit ergibt.

Auf irdische Verhältnisse übertragen, werden deren Erkenntnisse und Vorhersagen verständlich: Die Kugelgestalt der Erde wird erst ab einem bestimmten Abstand überhaupt erkennbar. Innerhalb des Universums (wo wir uns nun einmal befinden), können wir nie etwas anderes messen als ein flaches Universum. Alles, was am Anfang winzige Ausdehnungen hat, wird durch die Inflation riesig. Alle anfänglichen Unterschiede in Temperatur und Dichte – mögen sie auch noch so groß gewesen sein – werden durch die kosmische Inflation nahezu gleichgemacht. Zuletzt bleiben nur noch ganz winzige Schwankungen um einen Mittelwert, die Jahrmilliarden später als Fluktuationen der kosmischen Hintergrundstrahlung vier Männern zwei Nobelpreise in Physik einbringen.

In der explosionsartigen Ausbreitung des Raumes, dem Inflations-Inferno, entstanden alle Kräfte und alle Naturgesetze, die die Massen und Eigenschaften der Materie definieren. Das Higgs-Feld am Anfang allen Seins legte das Schicksal des Universums fest. Hätte es nur um eine Nuance anders geschwankt, gäbe es entweder das Nichts oder ein anderes Etwas ohne Galaxien, Sterne, Planeten und Leben. Die außerordentlich unwahrscheinliche Schwankung des Higgs-Feldes über seinen eigentlichen Wert hinaus hat mit der Inflation einen Vorgang ausgelöst, der das Universum so veränderte, dass aus ihm Raum, Materie, Leben, Intelligenz und Bewusstsein hervorgehen konnten.

LICHT- UND MATERIEOASEN

Geburt des Lichts und der ersten Galaxien und Sterne

Nichts Süßres gibt es, als der Sonne Licht zu schaun.

Friedrich Schiller

Es ist unmöglich, schneller als das Licht zu reisen, und sicher nicht wünschenswert, weil es einem ständig den Hut vom Kopf bläst. Woody Allen

Die Unzulänglichkeiten des Lichts

Es ist auf seiner zeitlosen Odyssee durchs All auf sich allein gestellt, es ist dazu verdammt, ein Verbündeter der Ewigkeit zu sein, und kann deshalb nicht altern. Es führt ein geheimnisvolles Doppelleben, es ist dafür verantwortlich, dass unser Blick in den Sternhimmel stets nur ein Blick in die Vergangenheit ist und dass wir aus diesem Grund einen fernen Stern, eine Galaxie oder einen Quasar niemals im Jetzt-Zustand sehen und erleben können: das Licht.

Das Licht auf dieser Welt, das strahlende Weiß, das unser Auge leuchten lässt, unsere Haut erwärmt und unseren Endorphin- und Vitamin-D-Haushalt belebt, ist fürwahr eine seltsame Erscheinung. Es fängt schon damit an, dass sich uns das Licht, je nachdem, wie und wann wir es beobachten, entweder als Welle oder als Photon, also lichteigenes Elementarteilchen, präsentiert. Das Licht erlaubt sich tatsächlich den Luxus einer undurchsichtigen Doppelexistenz. Dabei vergeht interessanterweise für die als Lichtwellen reisenden Photonen, die gleichzeitig selbst die Lichtwelle sind, keine Zeit. Schließlich stehen bei einem Raumflug mit Lichtgeschwindigkeit laut Spezieller Relativitätstheorie alle Uhren still. Ein mit exakter Lichtgeschwindigkeit durch den Weltraum reisender Astronaut erlebt keine Zeit: Er altert nicht, er stirbt nicht, er lebt nicht (richtig).

Von einer völlig anderen Seite zeigt sich das Licht, wenn es uns aus den Tiefen des Alls erreicht. Wir tauchen mit jedem Blick in den Sternenhimmel tief in die Vergangenheit des Kosmos ein und begegnen dabei Sternen, Galaxien und Quasaren, die sich uns so zeigen, wie sie einmal zu jenem Zeitpunkt ausgesehen haben, als das Licht sie gerade unwiederbringlich verließ. Jeder Blick ins All ist aufgrund der endlichen Ausbreitungsgeschwindigkeit des Lichts ein Blick in die Vergangenheit. Selbst das Licht unserer Sonne braucht achteinhalb Minuten, um die 150 Millionen Kilometer Distanz zur Erde mit einer Geschwindigkeit von knapp 300 000 Kilometern in der Sekunde zu überbrücken. Und dennoch ist das Licht trotz all seiner Unzulänglichkeiten auch ein Quell des Wissens. Denn jedes Photon, das nach seiner langjährigen einsamen Odyssee durch das materiearme Weltall auf die Erde trifft, ist ein mit Informationen bepackter Gesandter aus vergangenen Tagen, der uns einerseits etwas über die Geschichte dieses unglaublichen Universums, andererseits etwas von seinem Leben selbst erzählt.

Jetzt geht's los!

Es ist heiß, extrem heiß. Kurz nach dem Urknall zeigt das Thermometer Werte von mehreren Milliarden bis Billiarden Grad Celsius. Unter solchen Bedingungen existieren lediglich freie Elektronen und Protonen. Erst als sich das Universum auf 3727 Grad Celsius abkühlt, verbinden sich beide Elementarteilchen zu neutralem Wasserstoff. Ab diesem Moment gibt es für die Photonen immer seltener einen Stoß-

partner. Nach der Entstehung der Wasserstoffatome können sich die Photonen deshalb ungehindert bewegen. Die Strahlung breitet sich nahezu frei aus – der Weltraum wird durchsichtig. Die Zeit, in der sich die Materie ein für alle Mal von der Strahlung entkoppelt, ist da. Was bleibt, sind zwei ehemals eng aneinandergekettete, jetzt aber völlig voneinander unabhängige Partner. Die außerordentlich gleichmäßig verteilte, leuchtende Materie schwimmt in einem ebenfalls absolut homogen verteilten Strahlungsbad – bestehend aus Photonen. Auf jedes materielle Teilchen kommen fünf Milliarden Photonen.

Die Photonen sind die Botschafter des Urknallechos; sie sind die Partikel der kosmischen Hintergrundstrahlung und immer noch mehr als 3000 Grad Celsius heiß. Vor allem aber sind sie frei, denn sie bewegen sich von nun an für immer losgelöst von den materiellen Teilchen. Während sich der Raum im Universum ständig weiter ausbreitet, sinken die Dichte der Teilchen und die Energie der Photonen. Damit fällt auch zugleich die Temperatur des Universums: Je mehr es expandiert und an Größe gewinnt, desto stärker ist der Temperaturrückgang. Wenige Hunderttausend Jahre nach der großen Abnabelung der Strahlung von der Materie werden die Elementarteilchen des Lichts, die Photonen, unsichtbar. Sie verwandeln sich in Infrarotphotonen.

380 000 Jahre nach dem Urknall endet also die kosmische Tristesse der absoluten Dunkelheit. Strahlung und Materie erhalten endlich die Freiheit.

Es hätte aber auch alles ganz anders kommen können: Der Urkosmos bläht sich auf, er wird größer und größer und mit ihm die Abstände zwischen den Teilchen. Die so perfekt verteilte Anfangsmaterie verkommt zu einem unermesslich dünnen Gas – und nichts passiert, überhaupt nichts. Nur wird das Universum dunkler, immer dunkler, und niemals erblickt ein Augenpaar das märchenhafte Licht zahl- und namenloser Sterne.

Unsichtbarer Regisseur der Materie

Doch dieses Szenarium bleibt unserem Universum erspart. Vielmehr fangen an einigen Stellen im noch jungen Kosmos Teilchen an, sich mit anderen zu dichteren, winzigen Wolken zu formen. Eine Kraft beginnt zu wirken, die fortan die alleinige kosmische Regie übernimmt: die Gravitation, die Seele des Weltalls, die mit starker Hand die Choreografie im All leitet. Dank ihrer großen Reichweite, ihrer Universalität – die Schwerkraft wirkt zwischen Materie und Energie aller Art –, übt sie auf die großräumige Struktur und Dynamik des Universums »gravierenden« Einfluss aus. Denn zu guter Letzt ist sie es, die im Zusammenspiel mit den subatomaren Kräften und der elektromagnetischen Wechselwirkung den Aufbau und die Entwicklung von Sternen, die Stabilität und Struktur von Neutronensternen und Weißen Zwergen bestimmt und somit alles Materielle beseelt.

Im weiteren Verlauf der jungen Geschichte des Kosmos zeigt sich die Schwerkraft fortwährend von ihrer »romantischen« Seite. Sie verkuppelt bzw. verbindet all das, was nach den Naturgesetzen des Universums zusammengehört. Partikel, die sich zuvor nicht kannten, gehen eine Beziehung ein. Beispielsweise übt das Gas in den etwas materie-

reicheren Regionen eine große Anziehungskraft auf das Gas der nächsten Umgebung aus und saugt es förmlich ein. So wie sich Wassertropfen in Pfützen sammeln, konzentriert sich das Gas im Kosmos in den dichteren Bereichen. Da keine Materie mehr nachrückt, entleeren sich andere Raumbereiche fast völlig, sie werden für immer dunkel bleiben. Dieser Prozess setzt sich kontinuierlich fort, das expandierende Universum wird zusehends inhaltslos. Die vorhandene Materie verdichtet sich – verteilt über den ganzen Kosmos – zu den allerersten Vorläufern der heutigen Galaxien. Und weil die an Dichte und Masse zunehmenden Gaswolken sich gegenseitig durch ihre Schwerkraft beeinflussen, treten sie ebenfalls miteinander in Kontakt. So wie sich heute Mond und Erde gegenseitig anziehen, so verhalten sich auch die allerersten Gaswolken im Kosmos. Manche stoßen zusammen und bringen einander in Rotation. Meist bleibt der Drehimpuls im sonst größtenteils entleerten Raum unbeeinflusst erhalten. Viele der sich mehr oder weniger drehenden Gaswolken verschmelzen miteinander. Einige rotieren so schnell, dass sie zu riesigen Gasscheiben mutieren, während andere förmlich in die Schwerkrafttrichter der großen Gaswolken stürzen. Auf diese Weise nisten sich große Scheibengalaxien und teilweise noch viel größere elliptische Galaxien in das kosmische Raum-Zeit-Gewebe ein.

Letztere entstehen vorzugsweise dort, wo die Materie besonders dicht ist, da in solchen Regionen naturgemäß viele kleine Galaxien zusammenfinden und nicht wieder entweichen können. In der Umgebung der Scheibengalaxien mit ihrer etwas geringeren Dichte bleiben jedoch häufig kleine

Galaxien übrig, die entweder zu weit von den anderen Welteninseln entfernt sind oder sich einfach noch zu schnell bewegen. Der Tanz der Galaxien endet selten im Duett, er erschöpft sich vielmehr im Gruppentanz. Selbst ganz große Scheibengalaxien und elliptische Galaxien verdichten sich weiter und bilden Galaxienhaufen. Die Schwerkraft wirkt ungemein anziehend. Wie anziehend sie ist, spiegeln die Größenverhältnisse der kosmischen Materieoasen wider: Normale Galaxien weisen einen Durchmesser von 100 000 Lichtjahren auf, kleinere Gruppen von Galaxien sogar von einigen Millionen Lichtjahren. Größere Galaxienhaufen indes sind monströse Gebilde, die sich über zehn, zwanzig Millionen Lichtjahre (und noch mehr) ausdehnen. Und das ist beileibe nicht das Maximum. Es existieren noch massereichere materielle Strukturen im Universum, sogenannte Galaxiensuperhaufen, die sich wiederum aus Galaxienhaufen zusammensetzen. Sie erstrecken sich auf Hunderte von Millionen Lichtjahre. In Anbetracht dieser ungeheuerlich riesigen Masseansammlungen kommen die Namen »die große Wand« oder »der große Attraktor«, die Astronomen diesen »kosmischen Materieinseln« gegeben haben, nicht von ungefähr.

Das bis dato noch weitestgehend unstrukturierte Universum erhält nunmehr endlich eine räumliche Einteilung. In diesem Prozess der Strukturbildung entstehen Inseln, die sich der allgemeinen Expansionsbewegung des Raumes entgegensetzen, die sich von ihr sogar völlig entkoppelt haben. Auch in den neu formierten Galaxien geht die Strukturbildung weiter. Anfangs bestehen die Strukturen nur aus Gas, das einigermaßen gleichmäßig verteilt ist, aber in Wol-

ken leicht verdichtet auftritt. Auch hier, innerhalb dieser Ur-Galaxien, verrichtet die Schwerkraft ihr Werk. Es kommt zu weiteren Verdichtungen, wobei noch mehr Materie aus der Umgebung verschluckt wird. Innerhalb der ständig kompakter werdenden Gaswolken konzentriert sich die Materie jetzt immer stärker und immer zielgerichteter.

Stellare Geburt

Eine völlig neue materielle Qualität bereichert nunmehr den Kosmos, erobert ihn und gewinnt allmählich die Oberhand. Sonnen entstehen, Sterne entspringen aus Gaswolken, und gemeinsam beginnen sie ihren ewigen Tanz miteinander.

Stürzt eine zu einem Gasball verdichtete Wolke unter ihrem eigenen Gewicht zusammen, strahlt das dabei zusammengepresste Gas die gewonnene Energie wieder ab. Dieser Prozess setzt sich kontinuierlich fort, bis die Gasteilchen so stark komprimiert sind, dass ihre Atomkerne miteinander verschmelzen. Die Kernfusion beginnt und setzt sehr viel Energie frei. Diese wiederum versucht, dem Gasball als Strahlung zu entfliehen. Zunächst ist die Strahlung noch sehr energiereich, aber durch die zahllosen Zusammenstöße mit den Teilchen des Sterns verlieren die Photonen, bevor sie endlich die Oberfläche des jungen Sterns erreicht haben und ins Universum entweichen können, fast ihre gesamte Energie. Der Druck der durch die Kernverschmelzung im Zentrum des Sterns freigesetzten Photonen hält den Stern gegen seine eigene Schwerkraft in einem sehr empfindlichen Gleichgewicht. Solange dabei die Kernverschmelzung genügend Energie freisetzt, erglüht der Gasball als leuchtender Stern. Tatsächlich erzeugen die frühen Sterne auf diese Weise das erste richtige Licht, ein Licht, das von einer deutlich auszumachenden Quelle stammt und nicht diffus überall herumwabert. Was wir heute von unserer Sonne gewohnt sind, durchflutet erstmals den Kosmos: Sternenlicht. Endlich genießt das durch die andauernde Expansion längst in völlige Dunkelheit eingehüllte Universum das erste Sonnenbad.

Rund hundert Millionen Jahre nach dem Urknall, noch inmitten der Phase der Galaxienentstehung, beleuchten die ersten Sterne das junge Universum. Dabei sind die Sterne der ersten Stunde fürwahr astrale Unikate, bestehen sie doch ausschließlich aus Wasserstoff und Helium. Und gigantisch sind sie obendrein: Im Vergleich zu unserem Muttergestirn sind sie bei Weitem schwerer und größer. Ihre enorme Größe und beträchtliche Masse führen dazu, dass in ihrem Inneren die Kernverschmelzungsprozesse immer schneller ablaufen. Der Druck, den das eigene Gewicht auf die innersten Bereiche des Sterns ausübt, presst die Atomkerne des Wasserstoffs so dicht zusammen, dass ihre Fusion zu Helium innerhalb weniger Millionen Jahre vollendet ist. Und das Tempo setzt sich fort: Die für kurze Zeit versiegende Energiequelle im Inneren lässt der Schwerkraft des Sterns ebenfalls nur für kurze Zeit freie Hand. Der Stern schrumpft, die Materie im Inneren wird wieder verstärkt zusammengepresst und dadurch noch heißer. In dieser Glut verschmelzen die Heliumkerne miteinander und bilden Elemente wie Kohlenstoff, Sauerstoff und Neon. In wenigen

Hunderttausend Jahren ist aber auch diese intensive Brennphase vorbei. Abermals versiegt die innere Quelle, und abermals schrumpft der Stern. Nun stürzen die äußeren Hüllen auf das innere Gas, und die nun in Gang kommende Kernverschmelzung setzt erneut Energie frei. Diese drängt nach außen, wodurch der Stern sich wieder aufbläht. Verschiedene Elemente entstehen in verschiedenen Schichten, aber erst, wenn sich in seinem Innersten Eisen gebildet hat, kommt dieser Prozess zum Erliegen. Der Stern hat seine Energiereserven verbraucht – sein Exitus ist nur noch eine Frage der Zeit. Irgendwann bricht alles zusammen, die Hüllen stürzen aufs Zentrum und werden dabei wieder gewaltig aufgeheizt. Während ein Stern bis zur Bildung des Elements Eisen noch Energie freisetzt, muss, damit alle schwereren Elemente entstehen können, Energie zugeführt werden. Gold und Uran, alle stabilen schweren Elemente, produziert der Riesenstern erst während seiner allerletzten Lebensphase. In den aufgeheizten Hüllen kommt es zum letzten Countdown. Ohne den Kernbrennstoff, den der Stern für die Umwandlung von Wasserstoff in Helium benötigt, lässt sich der drohende Gravitationskollaps nicht länger in Schach halten, und der Untergang ist unausweichlich. Während seines Zusammenbruchs vollziehen sich viele komplizierte Prozesse gleichzeitig. Am Ende zerreißt es den Stern in einer gewaltigen Explosion. Dabei schleudert er mit einer Geschwindigkeit von 20 000 Kilometern pro Sekunde seine mit schweren Elementen angereicherten Gashüllen ins Universum hinaus. Aus den viele Millionen Grad Celsius heißen Sternfetzen werden neue Sterne entstehen, vielleicht sogar solche, die Planeten gebären, unter ihnen fraglos einer, auf dem sich Leben befinden wird. Vom einstigen sich über viele Millionen Kilometer erstreckenden Riesenstern selbst bleibt nur eine kleine, geradezu winzige, sich langsam abkühlende Sternenleiche von wenigen Kilometern Durchmesser übrig, in der die Teilchen dicht an dicht gedrängt sind. Astronomen nennen solche Gebilde Neutronensterne.

Die allerersten Sterne hingegen, hundert Mal so schwer wie die Sonne, enden fast alle als Schwarze Löcher von weniger als hundert Kilometern Durchmesser. Zu ihren Lebzeiten aber haben diese riesigen ersten Sterne immens Wichtiges für den Kosmos geleistet: Sie haben den kosmischen Materiekreislauf in Gang gesetzt. Sie erzeugten die schweren Elemente jenseits von Helium. Sie haben der Welt das Licht gebracht und jene Elemente geschaffen, aus denen eines Tages Planeten oder ähnliche Himmelskörper erwachsen werden.

In unserer Geschichte des Werdens befinden wir uns noch in der Pubertät des Universums, doch die kosmische Evolution schreitet unaufhaltsam voran. Die Materie ballt sich weiterhin zusammen – der Raum zwischen den Galaxien wird fortwährend leerer. In einer jungen Galaxie werden pro Jahr Tausende Sterne geboren und einige wenige sterben. Durch die Explosionen wird ein Großteil der mit schweren Elementen angereicherten Materie weiträumig in den Galaxien verteilt.

Elliptische Galaxien durchleben nur eine einzige intensive Phase der Sternentstehung. Sie verbrauchen ihr Gas nahezu auf einmal. Scheibengalaxien hingegen durchleben eine wesentlich längere Zeit der Sternproduktion.

Nach circa drei bis vier Milliarden Jahren klingt die große Epoche der Galaxienentstehung aus. Der Kosmos beruhigt sich, es folgt eine Ära der allgemeinen Entspannung und Konsolidierung. Die Materie und alle daraus erwachsenen Strukturen etablieren sich. Zwar verschmelzen hie und da noch Galaxien miteinander, stürzen kleinere Galaxienhaufen in größere, oder es verschmilzt manch großer Galaxienhaufen mit anderen zu Superhaufen, aber im Großen und Ganzen nehmen die materiellen Interaktionen deutlich ab. Das Universum ist nunmehr zu 75 Prozent leer. Drei Viertel seines Seins vollenden sich in samtener Schwärze.

Es sieht so aus, als hätte sich der Rest an Materie sozusagen an den Wänden der Leerräume angeordnet, die entstandene Struktur gleicht einem grobmaschigen Netz. Wo die Galaxienhaufen besonders dicht zusammenstehen, scheint das Netz seine Knoten zu haben, verbunden durch weit ausgedehnte Materiefäden, in denen sich Galaxienhaufen wie Perlen auf einer Schnur aneinanderreihen. Dass aus dem ehemals so gleichmäßigen Materiestrahlungsbrei ein sogar ästhetisch ansprechendes Materiemuster aus Sterneninseln geworden ist, kann uns gar nicht genug wundern.

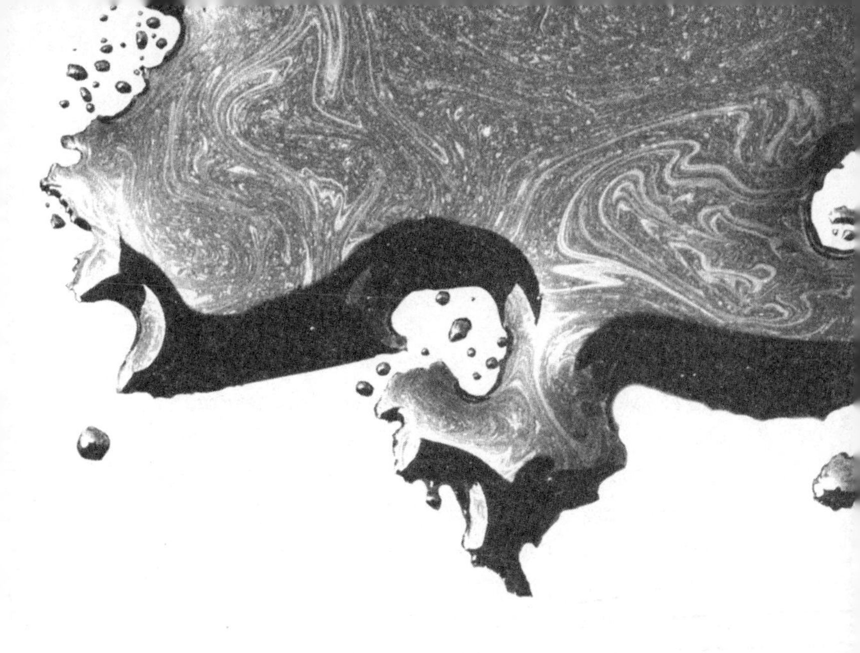

AM RANDE DER WIRKLICHKEIT

Einzug der Exoten

Die Hölle, das sind die anderen. Jean-Paul Sartre

Ich möchte Sie davon abhalten, sich abzuwenden, nur weil Sie die Sache nicht verstehen. Meine Physikstudenten verstehen die Sache ebenfalls nicht … weil ich sie nicht verstehe. Niemand versteht es. Richard P. Feynman

Die Dunkle Seite des mächtigen Universums

Um zu verstehen, warum wir hier und heute von den Rätseln des Universums fasziniert sein dürfen, müssen wir uns stets vor Augen halten, dass alles hätte auch anders kommen können. Was wäre wohl geschehen, wenn beispielsweise ein Schwarzes Loch unser Sonnensystem durchkreuzt hätte und nur ein Lichtjahr vom Zentralgestirn entfernt daran vorbeigezogen wäre? Was glauben Sie? – Nun, ganz einfach: Dann gäbe es uns nicht! Die Masse und Schwerkraft dieses Gebildes hätte die Bahnen der Planeten und sogar die Position und Bewegung der Sonne extrem gestört: All unsere schönen Planeten wären geradewegs in die Sonne gestürzt oder aus dem Sonnensystem herausgeschleudert worden. Aus der schlichten Tatsache unserer Existenz und der der Planeten, die schon seit 4,5 Milliarden Jahren die Sonne umkreisen, wissen wir aber, dass es zu solch einem Szenario nicht gekommen ist.

Dass unser Sonnensystem überhaupt existiert und wir in ihm, verdanken wir auch zwei nebulösen Energieformen, die dunkler als das dunkelste Dunkel sind. Obwohl diese scheinbar nicht vorhanden und für das menschliche Auge mitsamt seinen modernen Gehilfen, den Teleskopen und Antennen unserer Tage, schlichtweg unsichtbar und absolut unauffindbar sind, werden wir diese für Sie sichtbar machen, weil sie für die Geschichte des Universums eine schicksalhafte Bedeutung haben.

Kommen wir zunächst einmal zu der dunklen Materie, die auf gewaltige Art und Weise präsent, sehr präsent ist. Dass dieses obskure Etwas seinem Namen zur kosmischen Ehre gereicht, zeichnet sich bereits kurz nach dem Urknall ab, als diese bizarre Materieform einen Siegeszug antritt, der im Weltraum seinesgleichen sucht. Denn wie aktuelle Messungen belegen, besteht unser materieller Kosmos heute zu 86 Prozent aus dieser dubiosen Materieform, die weder elektromagnetische Strahlung abgibt noch absorbiert. Ja, eine düstere Schattenwelt, die mit der kosmischen Geschichte eng verknüpft ist, dominiert das Universum und bestimmt das Schicksal der gesamten Materie, da sie bis heute infolge ihrer Masse bzw. Schwerkraft auch auf die leuchtende Materie wirkt.

Nach der ganzen geheimnisvollen Einleitung werden Sie sich sicher fragen, mit welchen Mitteln Astronomen so merkwürdiges Zeug wie diese dunkle, unsichtbare Materie überhaupt aufspüren können. Schließlich sieht man sie ja nicht. Wie kommt es dann, dass wir Kenntnis von dieser Materie haben? Die Antwort klingt banal: Unterschiedliche Bewegungen leuchtender, also Strahlung abgebender oder Strahlung verschluckender Materie lassen sich nur dann erklären, wenn es eine Form von Materie gibt, die überhaupt nicht strahlt. Es gibt drei Beobachtungen, die Astronomen dabei halfen, die Dunkle Materie zu entdecken. Da sind erstens die Scheibengalaxien, die sich schneller drehen als sie eigentlich dürften. Da sind zweitens die elliptischen Gala-

xien, die von extrem heißem Gas umgeben sind. Und da sind last but not least die Gravitationslinsen, die die Lichtstrahlen verbiegen und völlig verzerrte Galaxienbilder an den Himmel werfen. Alle drei Beobachtungen zusammen erzwingen die Hypothese, dass die Dunkle Materie die absolut dominante Materieform im Universum ist. Und hier folgt die Begründung:

Die Ursache der Bewegungen von astronomisch großen Körpern wie Galaxien wird von einem einfachen Naturgesetz erklärt – Massen beschleunigen Massen! Bewegen sich große Massen im Universum, ist das auf die Anwesenheit anderer großer Massen zurückzuführen. Der Mond kann die Erde nicht aus ihrer Bahn werfen, dazu bringt er viel zu wenig Gewicht auf die Waage. Ein Stern wie unsere Sonne könnte dies hingegen schon. Sie ist zwar viel weiter von unserem Heimatplaneten entfernt als der Mond, aber sie ist 300 000 Mal schwerer als die Erde und zwingt daher alle Planeten, sie zu umrunden. Nur Himmelskörper, die vergleichbar schwer oder schwerer sind als die Erde, können diese spürbar beeinflussen, wobei natürlich auch der Abstand eine Rolle spielt. Denn große Massen in sehr großen Entfernungen üben auf andere Körper nur eine sehr schwache Wirkung aus. Es gilt die Grundformel: Die gegenseitige Anziehungskraft wächst mit den beteiligten Massen und nimmt mit zunehmendem Abstand ab. Das ist gute alte Newton'sche Physik, die uns dabei hilft, die Wirkung der Dunklen Materie zu verstehen. Isaac Newtons Gravitationsgesetz führt uns direkt auf die Fährte der Dunklen Materie. Wenn sich Sterne schneller bewegen, als mittels der beobachteten Materie begründet werden kann, muss eine Form von Dunkler, also nicht sichtbarer Materie am Werk sein. Es geht darum, aus beobachteten Bewegungen Massen zu berechnen. Ein erster Blick in den Nachthimmel führt uns vor Augen, dass solche Messungen unmöglich sind. Die Bewegungen des Mondes und die der Planeten vermögen wir noch direkt zu messen. Die Sterne der Milchstraße indes sind schon so weit von der Sonne entfernt, dass ihre Eigenbewegungen nur durch jahrelange Beobachtungen erfasst werden können. Andere Galaxien sind noch weiter entfernt, ihre Eigenbewegungen lassen sich überhaupt nicht mehr ausmachen. Es bedarf daher schon einer plausiblen Theorie, um deren Bewegungszustand zu verstehen.

Nicht um Kreativität verlegen, haben Astrophysiker längst ein Modell vorgelegt, das sich auf die Eigenschaften von leuchtender Materie in allen Scheibengalaxien, so auch der Milchstraße, bezieht. Sie leiten die Rotation der Galaxien aus der Strahlung des häufigsten Elements im Universum ab, des Wasserstoffs. So wie auf der Erde geben auch im All alle Atome Energie in Strahlungspaketen mit ganz genau definierten Frequenzen ab, wodurch scharfe Linien im Spektrum erscheinen. Im Experiment lassen sich die Strahlungsspektren der Atome exakt bestimmen und damit die Fingerabdrücke eines jeden Elements unverwechselbar zuordnen. Jetzt kommt der entscheidende Punkt: Die beobachtete Frequenz der Strahlungsspektren von fernen Galaxien ist im Vergleich zum Labormesswert verschoben, und zwar je nachdem, ob sich die Strahlungsquelle, sprich die Galaxie, auf die Milchstraße zu- oder von ihr wegbewegt. Entfernt sie sich von ihr, werden ihre Spektrallinien in den Bereich niedrigerer Frequenzen verschoben, mit der Folge,

dass einige Linien in den roten Bereich des Spektrums abdriften. Astronomen sprechen bei dieser Konstellation von Rotverschiebung, denn rotes Licht hat niedrigere Frequenzen als grünes oder blaues Licht. Galaxien, die sich von der Milchstraße entfernen, zeigen ergo ein rotverschobenes Strahlungsspektrum. Galaxien, die sich auf die Milchstraße zubewegen, weisen dagegen ein Spektrum auf, dessen Linien ins blaue, höherfrequente Licht verschoben sind. Ganz besonders leicht lassen sich die Linien des atomaren Wasserstoffs beobachten. Aus den rot- oder blauverschobenen Spektren lassen sich die Bewegungen von fernen Galaxien feststellen, innerhalb von Galaxienhaufen sogar die relativen Bewegungen des Haufens selbst. Das Prinzip der Rot- und Blauverschiebung lässt sich auch für Objekte innerhalb der Milchstraße anwenden. Zusammengefasst ergeben die Beobachtungen eine Rotationskurve, die nur eine Interpretation zulässt: Die Milchstraße dreht sich um ihren Mittelpunkt.

Solche Rotationskurven gibt es für praktisch alle scheibenförmigen Galaxien. Aber welche Form der Rotationskurve würden wir für Scheibengalaxien wie unsere Milchstraße erwarten? Nun, da sich im Zentrum der Milchstraße die meisten Sterne eingenistet haben, sollte man annehmen, dass dort die Rotationsgeschwindigkeit mit dem Radius anwächst. Tatsächlich trifft das auch zu. In größerem Abstand nimmt die Sterndichte zunächst ab, die Rotationsgeschwindigkeit fällt mit der Entfernung vom Zentrum der Milchstraße ab. Im Sonnensystem, zu dem wir später noch kommen, können wir beispielsweise anhand der Umlaufgeschwindigkeiten der Planeten die Rotation ganz genau vermessen. Je weiter ein Planet von der Sonne entfernt ist, desto langsamer umrundet er seinen Heimatstern. Das ist prinzipiell recht einfach nachzuvollziehen: Die Sonne ist mit ihren 300 000 Erdmassen der dominierende Körper – alle Planeten stehen unter ihrem stellaren Zauber, der sie in seinem wärmenden Licht und seiner unerbittlichen Schwerkraft gefangen hält. Je weiter nun ein Planet von der Sonne entfernt ist, desto weniger Rotationsenergie benötigt er, um im Einflussbereich, sprich im Sonnensystem, zu bleiben, denn die Schwerkraft der Sonne verringert sich mit dem Quadrat der Entfernung zu ihr.

Laut Theorie müsste dann die Rotationsgeschwindigkeit weit entfernter Sterne oder Gaswolken mit zunehmender Entfernung weiterhin stark abnehmen, da die meiste Masse im Zentrum sitzt. Aber was beobachten wir stattdessen? Etwas ganz anderes! Ab einer bestimmten Entfernung verringert sich die Rotationsgeschwindigkeit nicht mehr – sie bleibt konstant. Erinnern wir uns nochmals an das kosmische Gesetz: Massen beschleunigen Massen! Die Beobachtungen der Rotationskurven der Scheibengalaxien inklusive unserer Milchstraße zeigen eindeutig, dass die Galaxien in ihrer Rotation beschleunigt werden, und zwar kraft einer Materieform, die nicht sichtbar ist. Die beeindruckenden Werte der Rotationsgeschwindigkeiten von einigen Hundert Kilometern pro Sekunde lassen daher nur einen Schluss zu: Es muss knapp zehn Mal mehr Dunkle Materie in Galaxien geben als leuchtende Sterne oder Gas. Sie umklammert die Galaxien in Form einer Ellipse und hat sie fest im Griff.

Die aus den Rotationskurven abgeleitete Masse der Dunklen Materie deckt sich mit den Ergebnissen einiger

anderer, davon unabhängiger Beobachtungen. Wie bereits erwähnt, sind zum Beispiel elliptische Galaxien von sehr heißem Gas von einigen Millionen Grad umgeben. Derlei Materieoasen drehen sich extrem langsam und bestehen praktisch nur aus Sternen. Addiert man jeweils die Massen dieser Sterne, so dürfte sich das heiße Gas gar nicht mehr in der Nähe der Galaxien befinden. Offenbar wirkt eine Kraft auf dieses Gas, die sich durch die alleinige Anwesenheit der leuchtenden Sterne nicht erklären lässt. Es hätte sich aufgrund seiner hohen Temperatur längst vollständig im intergalaktischen Raum verflüchtigen müssen. Auch hier muss Dunkle Materie existieren, die mit ihrer Masse das heiße Gas an die Galaxien bindet. Wieder ergibt sich ein Massenverhältnis von leuchtender zu Dunkler Materie von rund eins zu zehn.

So richtig haben Sie sich mit dem Wesen der Dunklen Materie noch nicht anfreunden können, nicht wahr? Sie trauen dieser abnormen Energieform nicht über den Weg? Nun, was könnte überzeugender sein, als die Probe aufs Exempel zu machen und die Wirkung, die diese unsichtbare Materieform hervorruft, direkt zu beobachten. Massen bewegen sich unabhängig von Zeit und Raum, postulierte einst der große Newton. Seine These wurde zum physikalischen Dogma, bis Einstein die enge Verknüpfung von Zeit und Raum zu einem Glaubenssatz erhob, der in der heutigen Astrophysik absolut sakrosankt ist. Gemäß der Allgemeinen Relativitätstheorie krümmen Massen den Raum. Aber die räumliche Krümmung wiederum schreibt den Massen vor, wie sie sich zu bewegen haben. Auch das Licht kann sich dieser Krümmung nicht entziehen. Das Licht ist sehr sensibel, seine Strahlen verlaufen in einem Raum ohne Massen immer in den direktesten und kürzesten Bahnen – die Lichtwege verlaufen alle exakt gerade. Die Ausnahme bewirkt die Anwesenheit einer großen Masse, sie krümmt den Raum, und der Lichtstrahl muss der Krümmung folgen. Genau diesen Effekt nutzen Astronomen bei den Gravitationslinsen. Diese entstehen, wenn Licht von sehr weit entfernten Strahlungsquellen durch den mit Dunkler Materie angefüllten Raum rast. Die Folge: Die Lichtstrahlen werden aufgrund deren großer Masse verbogen. Und weil verbogene Lichtstrahlen stark verzerrte Bilder an den Himmel projizieren und manchmal sogar das Bild der ursprünglichen Strahlungsquelle verdoppeln, erscheinen verformte Galaxienbilder am Himmel. Aus der Bildverzerrung oder Bildverformung können die Forscher umgekehrt die Massen bestimmen, die die Verzerrungen verursacht haben. Just diese Technik kam zur Bestimmung der Masse der Dunklen Materie zum Einsatz. Das Ergebnis: Es gibt rund zehn Mal mehr Dunkle Materie als leuchtende, und sie ist ausgerechnet dort am dichtesten, wo auf den ersten Blick die leuchtende Materie das All schon in Form von Galaxien und Galaxienhaufen ausfüllt. Es muss offenbar doch irgendeine physikalische Verknüpfung zwischen der Verteilung von Dunkler und leuchtender Materie geben. Darauf kommen wir gleich noch einmal zurück, zuvor jedoch ein paar Bemerkungen zur Natur der Dunklen Materie.

Wir wissen, dass die Teilchen der Dunklen Materie nicht auf irgendeine Weise mit elektromagnetischer Strahlung in Wechselwirkung treten, ansonsten würden sie Licht absorbieren. Ferner muss diese Materie aus sehr schweren Teil-

chen bestehen, da nur so erklärbar ist, weshalb leuchtende und Dunkle Materie so eng aneinandergekoppelt sind. Niemand hat die Bestandteile der Dunklen Materie bislang in den Händen halten können. Die Physiker vermuten aber, dass sie bis zu hundert Mal schwerer sind als Protonen. Sie müssen in der ganz frühen Entwicklungsphase des Universums bei sehr hohen Temperaturen entstanden sein. Da die Dunkle Materie keinerlei Kopplung an die Strahlung besitzt, sonderte sie sich in der frühen Phase des Kosmos weitestgehend vom Rest ab. Bei der ebenfalls schon existierenden leuchtenden Materie, die einmal die Sterne, Galaxien, Planeten und Lebewesen aufbauen wird, erfolgte die Abkopplung von der Strahlung erst sehr viel später.

Nun zurück zur Verteilung von Dunkler und leuchtender Materie im Weltall. In der kosmischen Geschichte strukturiert sich die Dunkle Materie bereits sehr früh zu Verdichtungen. Während jede noch so kleine Ansammlung leuchtender Materie vom Druck der Strahlung wieder auseinandergezogen wird, verdichtet sich die Dunkle Materie unaufhörlich, wodurch sich erste lokale Schwerkraftfelder bilden. Als sich 380 000 Jahre nach dem Urknall die leuchtende Materie von der Strahlung trennt, gibt es schon vollständig entwickelte Dunkle Materiehaufen, in deren Schwerkraftfeldern sich die leuchtende Materie sehr schnell zu Galaxien ansammelt. Ohne die von der Dunklen Materie forcierten Verdichtungen wäre die leuchtende Materie nicht in der Lage, innerhalb der Lebenszeit des Universums auch nur eine einzige Galaxie zu bilden. Diese bedeutsame Erkenntnis ergibt sich aus den winzigen Dichteschwankungen der leuchtenden Materie, die in der kosmischen Hintergrundstrahlung abgelesen werden kann. Die Verdichtungen der leuchtenden Materie können Sie sich bildlich vorstellen, wenn Sie an eine alte Straße denken, auf die ein starker Regenschauer niederprasselt. In den Schlaglöchern der Asphaltdecke sammelt sich das Wasser in Pfützen. Und genau so sammelt sich die leuchtende Materie in Gestalt von Galaxien in den verdichteten Schwerkraftfeldern.

Finden wir uns also damit ab: Unser Universum wird von einer rätselhaften Materieform geprägt, deren wahres Wesen sich nur berechnen, aber noch nicht im Labor analysieren lässt. Ob es diese Teilchen wirklich gibt? Die theoretischen Modelle warten noch auf eine Bestätigung durch Experimente. Dazu benötigt man sehr hohe Temperaturen, die sich nur in großen Beschleunigerringen erzeugen lassen. Und so werden die neuen großen Teilchenbeschleuniger uns vielleicht bald eine erste Antwort geben. Es gibt also ein klares Arbeitsprogramm für die Erforschung der Dunklen Materie. Für den anderen, ebenfalls sehr dunklen Teil des Universums gibt es leider ein solches Forschungsprogramm noch nicht, da stehen wir noch ganz am Anfang, da staunen wir nur und sind bisher noch völlig ahnungslos. Vielleicht wäre es sogar besser, Sie überspringen das nächste Kapitel, denn viel wissen wir noch nicht über die Dunkle Energie.

Dunkle Energie

Seit der genauen Beobachtung der kosmischen Hintergrundstrahlung (1992) wissen wir, woraus das Universum besteht: zu 27 Prozent aus Materie und zu 73 Prozent aus

etwas, von dem wir nur sagen können, was es nicht ist. Es ist keine Strahlung, es ist keine Materie und es ist keine Energie, wie wir sie bislang kannten. Es sorgt aber dafür, dass das Universum schneller expandiert denn je – seit ungefähr sechs Milliarden Jahren. Schenkt man den Beobachtungen Glauben, dann haben wir die Distanzen zu weit entfernten Galaxien unterschätzt. Woran dies liegt, werden Sie gleich verstehen.

In Ermangelung eines besseren Namens hat sich für diesen einzigartigen kosmischen Bestandteil in der Astronomie der Begriff der Dunklen Energie eingebürgert. Anders als die Dunkle Materie, die für die Physik kein völlig unerklärliches Phänomen mehr ist, gibt uns die Dunkle Energie bis heute noch unlösbare Rätsel auf. Wie kommen Astronomen überhaupt auf die Idee der Dunklen Energie? Wiederum sind es die Beobachtungen, die eine Hypothese erzwingen, für die wir noch keine vernünftige theoretische Begründung haben. Sammeln wir ganz kurz die Fakten: Supernovaexplosionen eines bestimmten Typs in sehr weit entfernten Galaxien sind leuchtschwächer als erwartet. In der Milchstraße kann die Leuchtkraft einer solchen Supernova sehr genau gemessen werden. Die Leuchtkraft verringert sich mit dem Quadrat des Abstandes vom leuchtenden Objekt. Man kann deshalb aus der beobachteten Leuchtkraft die Entfernung ziemlich genau bestimmen. Das Ergebnis vieler Messungen zeigt, dass wir die Entfernung der Supernovae unterschätzt haben, sie sind viel weiter weg, als wir dachten. Anhand der »neuen« Entfernungen zu diesen Galaxien lässt sich sogar berechnen, ab wann sich die Expansion des Universums beschleunigt hat. Seit rund sechs Milliarden Jahren wird die

Ausdehnung des Universums von einer Kraft vorangetrieben, die irgendwie schon am Anfang des Universums entstanden sein muss. Und wenn es stimmt, dass sie mit dem Raum wächst und dass der Raum von Anfang an existent war, muss auch die Dunkle Energie schon immer da gewesen sein. Dennoch ist sie erst seit sechs Milliarden Jahren dominant. Warum? Eine Erklärung könnte sein: Bis zu diesem Zeitpunkt gelingt es der normalen kosmischen Materie, die Expansion des Universums mithilfe ihrer Schwerkraft abzubremsen. Doch je größer das All wird, umso geringer wird die Dichte der Materie. Wenn wir annehmen, dass die Dichte der Dunklen Energie konstant bleibt, dann muss ihre Intensität mit dem Volumen wachsen. Mit anderen Worten: Die Bedeutung der Dunklen Energie wächst mit der Expansion des Raumes und damit auch mit der Zeit. Sie wächst mit dem Raum, reißt und zieht am Universum, treibt es auseinander, beschleunigt die Expansion, wird dabei immer stärker und schafft es schon seit etlichen Milliarden Jahren, die Energie der Strahlung und der Materie in den Schatten zu stellen. Und je stärker das Universum expandiert, umso mehr verringert sich die Dichte der Materie, und gleichermaßen nimmt auch ihr bremsender Effekt ab – bis schließlich die sehr geringe, aber konstante Dichte der Dunklen Energie über die Abbremsung der Materie und damit über ihre Schwerkraftwirkung dominiert. Seit diesem Tag hat die Dunkle Energie das kosmische Zepter der Macht inne, seitdem agiert und reagiert sie autokratisch. Heute verfügt sie bereits über eine Zweidrittelmehrheit – sie stellt 73 Prozent des Energieinhalts des Universums.

Schenken wir der berühmten Relation Glauben, wonach

Energie und Masse gleichbedeutend sind, dann muss jeder Energieform im Prinzip eine Masse zugeordnet werden können. Bei der Dunklen Energie funktioniert dies jedoch nicht. Sie ist mit keiner Masse verbunden und kann folglich die Expansion des Universums nicht abbremsen.

Nicht an jedem Punkt im Universum ist die Wirkung dieser mirakulösen Kraft gleich, ihr Effekt kommt nur bei sehr großen Entfernungen, erst ab einigen zehn Millionen Lichtjahren, zum Tragen. Auf unseren Alltag hat die Dunkle Energie nicht den geringsten Einfluss. Das Universum mag mit zunehmender Geschwindigkeit expandieren, die Erde bleibt von dieser Entwicklung unberührt. Während Sie diese Zeilen lesen, expandiert fraglos Ihr Wissen, aber nicht das Buch selbst, geschweige denn der Raum, in dem Sie sich zurzeit aufhalten, ob dies draußen oder drinnen sein mag. Auch unsere Erde hält ihrem Heimatstern weiterhin die Treue auf ihrer angestammten Bahn um die Sonne, die selbst wiederum um das 27 000 Lichtjahre entfernte Zentrum der Milchstraße kreist. Und auch die Milchstraße insgesamt expandiert nicht.

Die Raum-Zeit-Fallen

Sie sind finstere Sternruinen und kosmische Staubsauger zugleich, nimmersatte Schwerkraftfallen und die Einbahnstraßen des Universums. Sie machen erbarmungslos Jagd auf alle Formen von Materie respektive Energie und verschlingen dabei wahllos alles, was ihnen zu nahe kommt – selbst das Licht.

Die Rede ist von Schwarzen Löchern. Sie sind heutzutage in aller Munde, obwohl eigentlich keiner so recht versteht, was sich hinter, besser gesagt in einem Schwarzen Loch verbirgt. Unheimlich sind uns diese gespenstischen Phänomene nicht zuletzt deshalb, weil sie sich mit tiefer Schwärze umgeben, sich also gänzlich vom restlichen Universum absondern und sich unserer direkten Beobachtung für immer entziehen.

Sich einem Schwarzen Loch unvorsichtig zu nähern, hat etwas höchst Fatales. Wer den Ereignishorizont, die magische Grenze eines Schwarzen Lochs, überschreitet, befindet sich schon auf einer Reise ohne Wiederkehr. Näherten Sie sich einem kosmischen Staubsauger dieses Kalibers, spürten Sie ein immenses Ziehen und Zerren, bis der Gezeiteneffekt Sie zerfetzen würde. Ihr Sturz in die Singularität, jenen unendlich dichten und heißen zentralen Punkt eines Schwarzen Lochs, in dem alle Qualitäten und Quantitäten von Raum, Zeit und Materie verschwinden, entspräche einem Fall ins Bodenlose. Schließlich wissen wir nicht, was jenseits des Ereignishorizonts mit den uns bislang bekannten Naturgesetzen passiert. Alle Ereignisse, die innerhalb dieser Zone geschehen, können von der Außenwelt (also dem gesamten restlichen Universum) nicht wahrgenommen werden.

Regiert von der Königin der Kräfte, der Schwerkraft, bereiten Schwarze Löcher jeder Form von Materie ein mysteriöses Ende. In diesen Mahlströmen herrscht eine bizarre Form von radikalem Kommunismus, denn alle Teilchen und Dinge durchleben das gleiche Schicksal und sind ausnahmslos Spielbälle derselben unbekannten Kräfte und

Gesetze, sofern solche dort existieren. Was jenseits unserer Vorstellungskraft liegt, scheint im Schwarzen Loch Normalität: Raum und Zeit verschmelzen in einem unendlich heißen und dichten punktförmigen Inferno zu einem Nichts. Doch damit nicht genug. Viele Experten gehen davon aus, dass beide letzten Endes nur dahin zurückkehren, woher sie ursprünglich gekommen waren: in eine Singularität, wie sie auch vor dem Beginn des Universums, vor dem Urknall, als raum- und zeitloses, unendlich kleines, dichtes Gebilde »existiert« hat. Aus einer Singularität entstanden würde die Schöpfung in derselben enden.

Mag ein Schwarzes Loch vielleicht in einem Nichts enden, so können wir jedoch mit Sicherheit sagen, dass es nicht aus dem Nichts entsteht. Seine Geburt steht in unmittelbarem Zusammenhang mit dem Tod eines sehr großen Sterns. Dieser tritt ein, wenn alle Energievorräte verbraucht sind; dann kann sich kein Stern des Universums mehr seinem Schicksal entziehen. Er stirbt.

Ein Stern muss mindestens zwanzig Mal so schwer sein wie die Sonne, um seiner eigenen Schwerkraft zu erliegen. Nur ab einer solchen Ausgangsmasse werden jeder Druck und Widerstand der Materie überwunden. Je schwerer der Stern, umso heftiger fällt er in sich zusammen, innerhalb einer Zehntausendstelsekunde verwandelt er sich unweigerlich in ein Schwarzes Loch. Die neue Daseinsform hat mit seiner vorangegangenen Existenz nichts mehr gemein; wo vorher noch ein Gestirn von Millionen Kilometern Durchmesser strahlte, haust jetzt ein Gebilde, dessen Radius nur noch wenige Kilometer misst. In seinem Inneren haben die Teilchen ihre ursprünglichen Eigenschaften gänzlich verloren – sie sind nur noch schwer. Mit dem Ende der Raumzeit lösen sich auch Atome und Elementarteilchen in der Singularität auf. Die ursprüngliche Masse des Sterns ist unsichtbar geworden, sie wirkt aber immer noch über ihre Schwerkraft auf die Umgebung. Wie der ehemalige Sternenriese, so setzt auch das aus ihm hervorgegangene Schwarze Loch die Reise durch das Weltall fort und dreht sich, wie alle anderen Sonnen, um das Zentrum seiner Galaxie.

Dass Schwarze Löcher keineswegs Hirngespinste sind, sondern tatsächlich schon seit Jahrmilliarden in unterschiedlichen Größenklassen existieren, ist in der Astrophysik inzwischen völlig unbestritten. Von derlei stellaren Leichenresten gibt es allein in unserer Milchstraße einige Hunderttausend. Ihre gewaltige Schwerkraft macht sich aber nur in ihrer unmittelbaren Umgebung bemerkbar. Sie sind vor allem deshalb so gut aufzuspüren, weil sie sich in Doppelsternsystemen mit Vorliebe als unsichtbare Begleiter eines noch leuchtenden Sterns zu erkennen geben – und diesen auf eine Kreisbahn um sie herum zwingen. Das Schwarze Loch zieht Gas aus der Oberfläche des leuchtenden Gefährten auf einer spiralförmigen Bahn zu sich heran. Das Gas wird sehr heiß und gibt als letztes Lebenszeichen, bevor es für immer in das dunkle Nichts fällt, noch einen Röntgenblitz ab. Aus der Intensität dieses Blitzes und der Umlaufzeit des Sterns können Astronomen auf die Masse des Schwarzen Loches schließen. Da diese sogenannten *stellaren* Schwarzen Löcher an Gas im Schnitt nur einen winzigen Teil einer Sonnenmasse pro Jahr verschlingen, erreichen sie durchschnittlich ein Gesamtgewicht von gerade mal fünf bis zehn Sonnenmassen. Im kosmischen Maßstab

ist das so gut wie nichts. Ihr Einfluss auf andere Himmelskörper ist genauso stark wie der eines Sterns von etwa derselben Masse.

Die Milchstraße kann theoretisch mit solchen kleinen Schwarzen Löchern durchsetzt sein, aber solange diese nicht in der Nähe unseres Sonnensystems herumgeistern, spüren unsere Planeten überhaupt nichts.

In galaktischen Zentren

Für die Entstehung und Entwicklung von Galaxien sind Schwarze Löcher von immenser Bedeutung. Hier meinen wir aber nicht die kleinen, wenige Kilometer großen und nur einige Sonnenmassen schweren Schwarzen »Löcherchen«, von denen bislang die Rede war, sondern wir haben riesige Schwarze Löcher vor unserem geistigen Auge. Diese Monster hausen in den Zentren von Galaxien, sind dort schon sehr früh entstanden, sind hundert Millionen Mal schwerer als unsere Sonne und verdanken ihre Existenz ebenfalls ehemaligen Sternleichen.

Im Grunde genommen ist alles ganz einfach: Masse geht nicht verloren, ihre Schwerkraft hört niemals auf zu wirken. Als sich Galaxien bildeten, entstanden in ihren zentralen Bereichen sehr viele Sterne, und aus ihnen entwickelten sich zahlreiche kleinere Schwarze Löcher. Viele von ihnen verschmolzen miteinander und wurden dabei immer schwerer und wirkungsvoller. Mit ihrer Masse aber wuchs auch ihr Hunger auf Gas, wovon im Zentrum einer Galaxie natürlich jede Menge vorhanden war. Jahr für Jahr nahm ein solches Schwerkraft-Monster mindestens die Gasmasse einer Sonne in sich auf. Das Endresultat waren Schwarze Löcher von mehreren Millionen Sonnenmassen im Zentrum fast jeder Galaxie.

Besonders beeindruckend sind die inneren Bereiche von elliptischen Galaxien. In ihnen sitzen die sogenannten Quasare, die leuchtkräftigsten Objekte des Universums. Sie werden angetrieben von supermassiven Schwarzen Löchern, die aus Milliarden Sonnenmassen bestehen und jedes Jahr bis zu zehn Sonnenmassen Gas »fressen«. Ein Quasar ist eine ungeheure leuchtkräftige Gasansammlung, die eine Billion Mal mehr Energie abstrahlt als die Sonne, aber nur wenig größer ist als unser Sonnensystem. Genaue Beobachtungen zeigen, dass diese strahlenden Energieriesen offenbar nur aus einem extrem schweren Schwarzen Loch und einer Gasscheibe bestehen, die von umherrasenden Gaswolken umringt wird. Aus der Mitte der Scheibe schießt mit annähernder Lichtgeschwindigkeit eine Gasströmung heraus, die über eine Länge von vielen Hunderttausend Lichtjahren als stabiler Strahl erkennbar bleibt und sich, weit weg von seiner Quelle, irgendwo im intergalaktischen Raum verliert. Und wieder kommt als Ursprung der extremen Leuchtkraft nur ein ganz besonderes Gebilde infrage: ein sehr, sehr schweres Schwarzes Loch! Wie seine Miniaturfassung, so zieht auch ein solch gigantisches Schwarzes Loch Gas auf einer Spiralbahn zu sich heran und in sich hinein. Das Gas wird heiß, strahlt und verschwindet mit einem Strahlungsstoß – dieser Todesschrei der Materie tritt als sehr heller, nur wenige Sekunden dauernder Röntgenblitz in Erscheinung.

Auch in unserer Milchstraße gibt es ein Zentrum mit

einem mittelgroßen Schwarzen Loch. Es ist umhüllt von Gas- und Nebelwolken, eingebettet in Sternenstaub und 27 000 Lichtjahre von unserem Heimatplaneten entfernt. Es entzieht sich einer direkten Begutachtung durch das Fernrohr. Nur mittels Radio- und Infrarotteleskop kommen wir dem Herzen der Milchstraße astronomisch näher. Das sich uns bietende Bild gestaltet sich dabei recht trostlos: Wo eigentlich Licht und pulsierendes Leben sein sollten und viele die Wiege unserer Galaxis vermuten, ist wenig los. Es fehlt vor allem an Gas. Es wurde verschlungen von einem alles vernichtenden Massegiganten bei seiner Jagd auf jegliche Form von Materie. Mit einem Durchmesser von etwa neun Millionen Kilometern und der Masse von drei Millionen Sonnen zwingt das Schwarze Loch des galaktischen Zentrums alle Sterne in seiner unmittelbaren Nähe auf sehr hohe Geschwindigkeiten von bis zu 5000 Kilometern pro Sekunde. Das Loch im Herzen der Galaxis hat »zurzeit« nur eine äußerst geringe Leuchtkraft, weil in seiner unmittelbaren und weiteren Umgebung kaum noch Gas vorhanden ist, mit dem es seinen grenzenlosen Hunger stillen könnte. Hin und wieder gelingt es dem innergalaktischen Schwarzen Loch dennoch, etwas Materie in seinen Bann zu ziehen und kurzfristig seinen Appetit zu stillen. Aber ein Schlemmermahl wie eine Sonne serviert das materiearme All höchst selten. Für Schwarze Löcher gilt eben auf ganz besondere Weise das alte chinesische Sprichwort: »Alles kommt zu dem, der warten kann.«

PLANETARE EXPLOSION

Entstehung der Sterntrabanten und Exoplaneten

Unsere Milchstraße schließe, beinahe an ihrem Rande, unser lokales Sonnensystem ein, mit seinem riesigen, vergleichsweise aber keineswegs bedeutenden Glutball, genannt die Sonne, und den ihrem Anziehungsfeld huldigenden Planeten, darunter die Erde, deren Lust und Last es sei, sich mit 1000 Meilen die Stunde um ihre Achse zu wälzen. Thomas Mann

Stellares Vorspiel

Vor 4,6 Milliarden Jahren am Rande der Galaxis: Rund 27 000 Lichtjahre vom Zentrum der Milchstraße entfernt bläht sich in einem Sternhaufen ein strahlend heller, blauer Gasball zum Riesenstern auf. Von seiner Oberfläche entweicht in gigantischen Strömen sehr heißes Gas mit einigen Hundert bis Tausend Kilometern pro Sekunde. Es ist ein theatralisch inszenierter Todeskampf, von dem keine Galaxie, kein Stern und kein Planet Notiz nimmt – aus dem aber eine neue Generation von Sternen in der Milchstraße heranwächst. Einer von ihnen ist jener durchschnittliche Stern, den die Bewohner seines dritten Trabanten einmal Sonne nennen werden.

Wie jeder Stern dieses Universums ist auch die Sonne eine recht einfach gestrickte astrale Erscheinung. Als strahlende Gaskugel, die, solange ihr Energievorrat reicht, ihr Feuer unaufgeregt, um nicht zu sagen gelangweilt, abbrennt, unterscheidet sie sich in puncto Entstehungsgeschichte, Mentalität und Eigenarten kaum von den ersten Sternen, die wir im vorletzten Kapitel behandelt haben.

In ihrem weiteren Leben schart die neue Sonne Planeten um sich – vornehmlich große Gasriesen und kleine Felsenplaneten. Und einer dieser Steintrabanten schafft es irgendwie, flüssiges Wasser zu konservieren, aus dem später Leben erwachsen wird. Und auch dieses Leben wird aus jenen Elementen aufgebaut sein, die ein blauer Überriese in seinem hoffnungslosen Kampf gegen sein eigenes Gewicht erbrütet hat.

Ja, es ist eine unumstößliche Wahrheit: Die Atome und Moleküle, aus denen unser Körper besteht, sind im Innern anderer Sterne aus den anfangs einzig vorhandenen Elementen Wasserstoff und Helium generiert worden. Wir sind samt und sonders Kinder von Sonnen und tragen alle den Sternenstaub in uns, der durch unzählige Supernova-Explosionen in den Kosmos geschleudert wurde.

Angesichts der geballten Leuchtkraft der alles Leben spendenden Vitalität der Sonne fällt uns die Vorstellung nicht leicht, dass auch unser Heimatgestirn eines fernen Tages seine Existenz beendet haben wird. Doch der stellare Tod ist in der kosmischen Evolution ein fest verankertes Naturgesetz – der Exitus von Sternen und Galaxien ist unausweichlich und ebenso unverzichtbar. Aber bis unser Heimatstern zu einem Weißen Zwerg, einer extrem kompakten kalten Sternleiche, mutiert, werden zuvor Billiarden andere Sonnen da draußen in den Tiefen des Alls ihren Lebenszyklus beenden. Unser hiesiger Licht- und Wärmespender bleibt uns dagegen noch eine Weile erhalten, da sein Wasserstoffvorrat noch circa acht Milliarden Jahre die Fusion zu Helium in Gang halten wird. Das Bild unserer Sonne, die irgendwann einmal als kalte Sternleiche ihre Bahnen durch das nicht minder kalte All zieht, sollte uns nicht schrecken. Schließlich geht die Geschichte des Werdens und Vergehens weiter, mit oder ohne uns.

Einzug der planetaren Vagabunden

Kurz nach ihrer Entstehung offenbart unsere junge Sonne ihr sonniges Gemüt. Sie gefällt sich darin, zu strahlen und zu funkeln; anfangs noch ein wenig unbeholfen, dafür aber mit Verve. Mit ihrem Licht und ihrem Gaswind drückt sie eine aus astralem Staub und Gas bestehende Scheibe von sich weg. Die Drehung der Scheibe in Verbindung mit der Schwerkraft, die der aufblühende Stern auf das Material der Scheibe ausübt, führt zu einer interessanten Entwicklung: In der Nähe des Sterns trennen sich die schweren chemischen Elemente in Form von Staubteilchen deutlich vom Gas. Durch viele Zusammenstöße miteinander sind die Staubteilchen inzwischen zu metergroßen und tonnenschweren Brocken angewachsen, die ihrerseits weiter Staub heranziehen. Und so wachsen, während das Gas sich verflüchtigt, abseits des Jungsterns in der sich drehenden Scheibe immer größere Felsbrocken heran. Wir lassen sie jetzt einfach weiterwachsen und blicken auf die äußeren Bereiche der Scheibe. Hier, in sicherer Entfernung vom Stern, scheint die Welt noch in bester Ordnung, Gas und Staub drehen sich mit müheloser Leichtigkeit. Natürlich haben sich auch in diesem äußeren Bereich bereits viele kleine und große Felsbrocken gebildet, die darum bemüht sind, Material an sich zu ziehen – mit Erfolg. Denn inzwischen hat sich das Gas an zwei Stellen zu besonders großen Klumpen verdichtet. Die Gasverdichtungen mitsamt den Felsen erzeugen hier draußen in wenigen Millionen Jahren sehr große Körper, die fast nur noch aus Gas bestehen. Freilich sind sie nicht groß genug, um selbst zu leuchtenden Sternen aufzublühen, aber immerhin bilden sich in ihrer unmittelbaren Nähe erneut Scheiben, aus denen sich kleinere Felsbrocken herauskristallisieren. Kurz und gut, wir reden davon, wie die beiden größten Gasriesen unseres Sonnensystems, Jupiter und Saturn, mit ihren zahlreichen Monden entstehen. Jetzt sind wir endlich bei den Namen angekommen, die Sie kennen.

In einiger Entfernung zur Sonne machen es sich die vier Felsenplaneten Merkur, Venus, Erde und Mars bequem. Weiter draußen beginnt die Zone der Gasplaneten: Zuerst kommen die riesigen Planeten Jupiter und Saturn, noch weiter abseits die beiden kleineren Eisplaneten Uranus und Neptun. Sehr weit draußen tummeln sich eine ganze Menge von größeren und kleineren Felsbrocken; Astronomen haben in letzter Zeit immer wieder neue davon entdeckt, weshalb sich Pluto, der bis dahin seine Sonderrolle als kleinster von der Sonne abgelegener Planet pflichtgemäß ausfüllte, seit Kurzem mit dem Allerweltstitel »Zwergplanet« begnügen muss.

Zurück zu den »echten« Planeten. Jupiter ist der größte Planet, doppelt so schwer wie alle Planeten zusammen. Er ist 318 Mal schwerer als unsere Erde und fünf Mal so weit von der Sonne entfernt. Saturn umkreist die Sonne in noch größerer Distanz und hat neunzig Mal so viel Masse wie die Erde. Die Venus ist der Erde in Größe und Masse recht ähnlich, Mars hat nur ein Zehntel Erdmasse und Merkur noch weniger. Venus steht der Sonne etwas näher als die Erde, Mars ist jedoch noch weiter von ihr entfernt. Der Steckbrief der Steinplaneten könnte angesichts der bisherigen interplanetaren Forschungsmissionen noch seitenlang fortgesetzt

werden, ja, inzwischen wissen wir mehr über das Wesen unserer planetaren Zeitgenossen im Sonnensystem als über das bunte Treiben in den Tiefen der irdischen Ozeane.

Während Felsenplaneten schlichtweg das Resultat von Zusammenstößen zahlreicher Felsbrocken sind, beziehen die Gasriesen ihren Stoff aus der noch kalten Gasscheibe, indem sie gewissermaßen alles Gas aufsaugen, das in ihrer unmittelbaren Umgebung vorhanden ist. Neptun entsteht räumlich gesehen zwischen Saturn und Uranus und wird irgendwann durch die Bewegungen der fernab vagabundierenden Felsbrocken, die insgesamt circa 20 bis 30 Erdmassen aufweisen, aus seiner Bahn katapultiert. Dabei beeinflusst Neptun den Nachbarplaneten Uranus nachhaltig; er kippt ihn regelrecht zur Seite. Seitdem dreht sich Uranus sozusagen mit einer Schlagseite von 90 Grad mit der Folge, dass sein Nordpol rund um die Uhr von der Sonne beschienen wird. Alle anderen Planeten hingegen wirbeln um ihre Achsen, die nur um wenige Grad zur Scheibenebene verschoben sind. Venus dreht sich als einziger Planet rückwärts um die eigene Achse. Bemerkenswert sind die Bahnen der Planeten auch deshalb, weil fast alle ziemlich kreisrund ausfallen und sehr stabil sind.

Heute zeigen sich uns im Sonnensystem nur die Gewinner, jene Himmelskörper, die nach einer gnadenlosen planetaren Schlacht um die Rangordnung als die Besten ihrer Gewichtsklasse bestehen konnten. Alle planetenähnlichen Körper, die sogenannten Planetoiden, die ehemals auf ziemlich exzentrischen Bahnen das Sonnensystem durchkreuzten, haben im Kampf um einen solaren Sitzplatz noch nicht einmal einen Stehplatz ergattern können. Sie sind schlichtweg auf Nimmerwiedersehen entweder in die Sonne gestürzt oder aus dem Sonnensystem hinauskatapultiert worden.

Als sich der Staub- und Gasnebel lichtet und die Sonne erstmals wirksam Licht und Wärme spendet, gewinnt das Sonnensystem langsam an Konturen. Aber noch nicht ganz, denn Neptuns Sprung aus der Reihe schüttelt das äußere Sonnensystem wieder gehörig durch. Auf diese Weise werden viele Felsbrocken vom äußeren ins innere Sonnensystem gelenkt. Doch dann endet in rund 500 Millionen Jahren die vermeintliche Ruhephase der Felsenplaneten abrupt. Es kommt zu einer Invasion extraterrestrischer Vagabunden, die sich weiter draußen bisher jedweder Ordnung widersetzten.

Die ungleichen Kinder der Sonne

Weiter entfernt von der Sonne, wo unsere Vagabunden es mit der Ordnung nicht so genau nehmen, beginnt das Reich der großen Gasplaneten. Die Schwerkraft Saturns, des kleineren der beiden Gasriesen, herrscht vor allem über die ihn unmittelbar umkreisende Herde von Monden. Nicht zuletzt formt sie sein wunderschönes Ringsystem, das aus Myriaden schmutziger Staub- und Eisteilchen besteht, die bis zu mehreren Metern groß sind. Der wirkliche Herrscher im äußeren Sonnensystem aber ist Jupiter, er ist ein Fürst im Reich der Königin Sonne. Jupiters Schwerkraft wirkt nicht nur auf seine Monde, sondern dirigiert auch die kleinen und großen Felsbrocken, die zwischen ihm und Mars im soge-

nannten Asteroidengürtel herumgeistern – und die Bahnen jener Felsbrocken, die immer wieder von außen ins Sonnensystem eindringen. Viele davon fängt Jupiter ein oder zwingt sie, die Sonne zu umrunden. Jupiter beherrscht die astralen Trümmer vollkommen, er lässt sie derart dicht an dicht kreisen, dass man fast schon von einer Felswand sprechen kann. Andere Eindringlinge spüren Jupiters Schwerkraft als unerbittlichen Schub, der sie ins Innere des Sonnensystems katapultiert. Dort treffen sie auf jene Brocken, aus denen sich später die vier inneren Felsenplaneten formen werden.

Wir machen nun einen Zeitsprung. Die vier Felsenplaneten sind mittlerweile entstanden.

Schauen wir auf deren heutige Beschaffenheit, erkennen wir, dass sich die Erde von Merkur, Venus und Mars durch einen essenziellen Stoff unterscheidet, der für das Werden von Leben von fundamentaler Bedeutung ist: flüssiges Wasser. Die anderen drei Planeten können damit nicht aufwarten. Merkur umrundet die Sonne in solcher Nähe, dass auf seiner Oberfläche jegliches Wasser im Nu verdampfen würde. Biologisches Leben hätte hier ebenso keine Chance wie auf dem zweiten Planeten, der Venus, wo Temperaturen von 450 Grad Celsius vorherrschen und der atmosphärische Druck 90 Mal so hoch ist wie auf der Erde. Und Mars, der kleine Bruder der Erde? Mit seinen nur 10 Prozent der Erdmasse hat er eine erheblich geringere Schwerkraft als unser Planet. Obwohl er weiter von der Sonne entfernt ist als dieser, entstand auf ihm zunächst flüssiges Wasser, Jahrmilliarden bevor es auf der Erde floss. Heute ist dieses auf dem Roten Planeten entweder komplett gefroren oder längst wieder in den Weltraum entwichen.

Die neuen Theorien über die Temperatur in der solaren Scheibe sagen uns, dass die Erde eigentlich kein Wasser haben dürfte, denn schon bei ihrer Entstehung ist der Abstand zur Sonne (150 Millionen Kilometer) schlichtweg zu gering. Seinerzeit reift die Erde noch im Ausläufer besagter Scheibe heran. In dieser Region ist die Temperatur deutlich zu hoch für die Bildung von Wasser, und die kosmischen Felsbrocken aus dieser Gegend sind selbst viel zu trocken, als dass sie die Wassermassen auf der Erde erklären könnten. Tatsächlich wird das irdische Wasser von Gestein auf die Erde gebracht, das aus der Gegend zwischen Mars und Jupiter stammt. Denn weiter draußen, in der doppelten Entfernung zwischen Erde und Sonne, ist es derart kalt, dass die dort heimischen Felsbrocken eher Eisbrocken gleichen. Analysen von Meteoriten aus dieser Region bestätigen diese Annahme. Und da die Einschläge von Felsbrocken ganz zufällig stattfinden, ist erklärbar, warum nur unser Planet heute mit so viel Wasser gesegnet ist: Die anderen haben einfach Pech gehabt, sie sind eben nicht so oft getroffen worden wie die Urerde, die immer schon der schwerste aller Felsenplaneten war.

Und noch etwas ist auffällig: Die Erde hat einen für ihre Verhältnisse riesigen Mond. Venus und Merkur besitzen gar keinen Trabanten, Mars herrscht zwar über zwei Monde (Phobos und Deimos), die als ehemalige Felsbrocken im Asteroidengürtel im Vergleich zum Erdmond jedoch ausgesprochen winzig sind. Aber woher kommt der natürliche Satellit, der mit einem Achtzigstel Erdmasse nach lunaren Maßstäben für die Erde viel zu groß ist? Mit solcherlei großen und schweren Monden schmücken sich doch sonst nur die Riesenplaneten fernab der Sonne.

Die Antwort hierauf hat wie immer eine historische Dimension. Die Apollo-Missionen haben knapp 400 Kilogramm Mondgestein auf die Erde gebracht, das über mehrere Jahrzehnte hinweg analysiert wurde und folgendes Ergebnis zutage brachte: Unser Trabant besteht fast exakt aus den gleichen chemischen Elementen wie der Mantel der Erde, sogar die Häufigkeit stimmt überein; was allerdings fehlt, sind die flüchtigen Elemente. Daraus ergibt sich folgendes Szenario: Der Mond entsteht durch den Einschlag eines Körpers auf der Urerde, der doppelt so schwer ist wie der Mars, also rund 20 Prozent der Erdmasse aufweist. Das aufprallende Objekt muss ausgesprochen massiv sein, denn sein Aufschlag hat katastrophale Folgen. Dies lässt sich aus der Tatsache schließen, dass das dabei mit großer Wucht herausgeschlagene Gesteinsmaterial nicht wieder zurück auf die Erde fällt. Es bildet einen Gesteinsring rund 60 000 Kilometer von der Erde entfernt, in dem sich binnen kurzer Zeit der Mond formt; das unbekannte planetare Gebilde wird hingegen durch den Einschlag völlig zerstört. Sein möglicherweise schon fester Eisenkern sinkt ins noch vollständig glutflüssige Erdinnere und verschmilzt mit dessen Kern.

Und eine weitere interessante Schlussfolgerung ergibt sich aus diesem Desaster: Nicht nur Erde und Mond stimmen in ihrer Zusammensetzung überein, sondern auch der Impaktor (der Einschläger) hat praktisch dieselbe Zusammensetzung wie die Erde. Er war in der gleichen Entfernung von der Sonne wie unser Blauer Planet entstanden. Folglich bedienten sich beide Körper bei ihrer Entstehung der gleichen chemischen Elemente, die sich gemäß ihrem

Gewicht in der Scheibe verteilen. Es handelt sich also um eine Art Doppelplanetensystem en miniature, bei dem sich beide Himmelskörper umrunden, bevor sie miteinander kollidieren. Zu unserem Glück erfolgt der Einschlag aber nicht zentral, sondern nur streifend.

Was ist passiert, was bleibt? Aus einer Gas- und Staubscheibe hatten sich kleine Gesteinsbrocken und große Gasklumpen entwickelt. Durch zahllose Zusammenstöße und durch das Einfangen von Gas hatten sich die Felsen- und Gasplaneten vermehrt und vergrößert. Die einen bezogen relativ nah an der Sonne Position, die anderen abseits der Steinplaneten, wo sich die Strahlung der noch jungen Sonne noch nicht gegen das Gas durchsetzte. Innen war längst alles durch die Wärme der Strahlung verschwunden. Felsen von außen waren durch die Masse und die Bewegung der Riesenplaneten ins Innere des Sonnensystems gelenkt worden; sie bestanden aus Gestein und Eis.

Wie alle anderen Planeten wird auch die Erde besonders oft von den »Eindringlingen« aus den Tiefen des solaren Systems getroffen. Sie ist aber der Einzige im planetaren Bunde, der Wasser bis heute im flüssigen Zustand konservieren kann. Dieser Himmelskörper – unsere Erde – avanciert zu jenem auserwählten Planeten, auf dem etwas ganz Neues passiert, auf dem sich auf höchst komplexe Weise eine ganz neue Form von Materie strukturiert, weil er den Stoff besitzt, aus dem sich einmal Leben entwickeln wird.

Der Tanz der ganz fernen Planeten

Doch nicht nur in heimisch-solaren Gefilden erblicken Planeten das Licht ihrer Sonnen, auch fernab unseres Systems, in der Milchstraße und in fernen Galaxien, bevölkern Milliarden von extrasolaren Planeten das All. Nachdem die Schweizer Astronomen Michel Mayor und Didier Queloz vom Genfer Observatorium im Jahr 1995 nahe dem sonnenähnlichen Stern 51 Pegasi den ersten Planeten um eine Sonne entdeckten, spürten Forscherteams rund um den Globus mit erdgebundenen Observatorien und Weltraumteleskopen mehr als 346 extrasolare Planeten (Stand: Januar 2008) auf. 346 ferne Welten, die sich auf mehr als 280 Planetensysteme verteilen, die aber mit unserer Heimatwelt allesamt herzlich wenig gemein haben. Größtenteils handelt es sich nämlich um unbewohnbare, extrem heiße, teils aber auch abgekühlte Gasriesen in der Größenklasse von Neptun (17-fache Erdmasse) bis hin zu der von Jupiter und größer, die ihren Heimatstern entweder sehr nah und auffallend schnell oder weit entfernt und langsam in exzentrischen Umlaufbahnen umkreisen. Kurzum, ein halbwegs erdähnlicher extrasolarer Planet ist nicht darunter, ganz zu schweigen von einer zweiten Erde.

Gleichwohl zeigt sich, dass erdähnliche Planeten im Weltraum en masse vorhanden sind und auf einigen von ihnen biologische Lebensformen existieren. Zweifelsohne treiben in der Weite des kosmischen Wüstenmeers unzählige planetare Oasen des Lebens, die von ihren Sonnen mit Licht und Wärme verwöhnt werden. Deren Bewohner schreiben, sofern sie über Bewusstsein und Intelligenz verfügen, tagtäglich ihre eigene Geschichte. Diese spiegelt – wie unsere »Realität« – auch nur einen Teil der ganzen Wahrheit wider, zeigt bestenfalls einen mikroskopischen Ausschnitt der kosmischen Enzyklopädie, die keiner in ihrer Gesamtheit je zu Gesicht bekommen wird und von der niemand weiß, wie umfangreich sie ist und wer sie geschrieben hat.

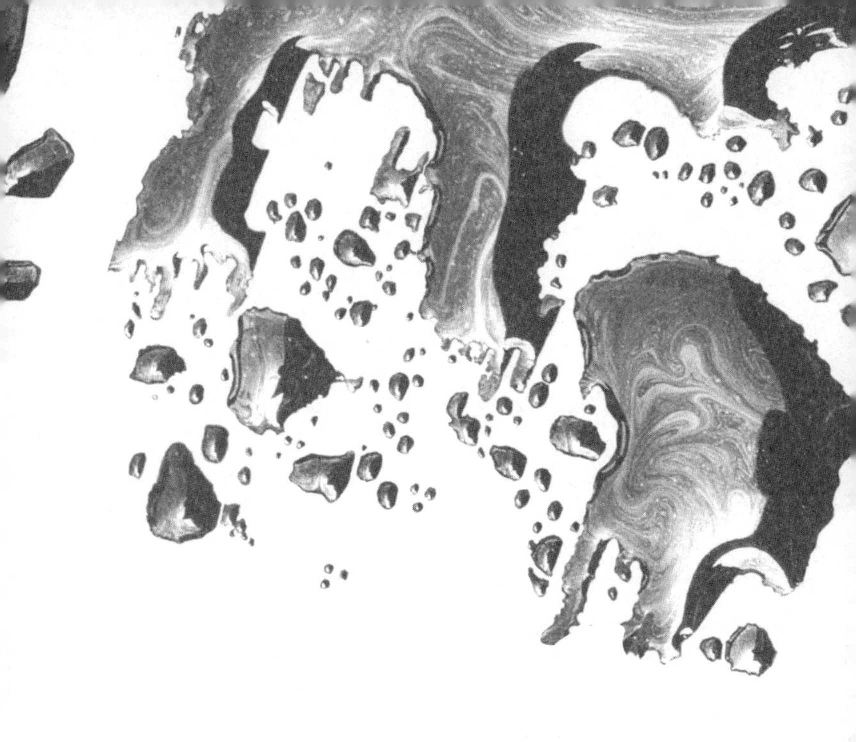

IRDISCHE GENESIS
Die Urerde

Es wäre dumm, sich über die Welt zu ärgern. Sie kümmert sich nicht darum. Mark Aurel

Die Zeit ist eben die wichtigste Zutat im Rezept des Lebens.
Heinz Haber

Außerirdische Invasion

Es ist aus astronomischer Perspektive eigentlich nichts Besonderes, was da am Rande einer durchschnittlich großen Galaxie in einem durchschnittlichen Sonnensystem mit einer durchschnittlich großen Sonne entsteht. Es ist ein gerade »all«tägliches, im Universum überall anzutreffendes Ereignis: Eine Sonne entlässt ihre Sprösslinge. Aus ihrem Schoß entsprungen, gehen mindestens acht Planeten ihre eigenen Wege. Sie sind nur noch durch die dominierende Schwerkraft ihres Muttersterns auf den von ihr vorgegebenen Umlaufbahnen gefangen.

Schicksalhaft von der Schwerkraft seiner Sonne in Zaum gehalten wird auch der von ihr aus gesehen dritte Planet des Systems: die Erde, ein Himmelskörper, von dem man noch nicht ahnt, dass er später einmal wie ein blaues Juwel funkeln wird, weil er – von einem sehr dichten Nebel umhüllt – sein urzeitliches Antlitz unter einem undurchdringlichen Wolkenteppich versteckt. Darunter aber sieht es wahrlich gespenstisch, ja geradezu höllisch aus: Während die Erdoberfläche durchgehend glutflüssig und völlig wasserfrei ist, befreien sich aus dem Erdinnern fortwährend Gesteinsmassen und Wasserdampf. Zwar kühlt sich hier und da die Kruste unseres jungen Planeten ab und erstarrt zu scheinbar festem Boden, der aber bricht immer wieder auf und lässt erneut flüssige Magma hervorquellen. Die Atmosphäre füllt sich an mit Gasen, die zwar dem irdischen Glutball entweichen, aber nicht in den Weltraum entkommen können. Der Planet hält die Atmosphäre fest in seinen Klauen, wobei er selbst das nach oben drängende Gas zurückhält.

In seinem Inneren ist es heiß, sehr heiß. Die unvorstellbare, alle Gesteine schmelzende Glut wird zunächst noch von den Einschlägen der nach wie vor aus dem Sonnensystem auf ihn einprasselnden felsigen Überreste der Planetenentstehung verursacht. Die immense Bewegungsenergie der einschlagenden Gesteinsbrocken verwandelt sich beim Aufprall in Wärme. Nachdem diese Einschlagwelle abgeebbt ist, beginnen sich glutflüssige Eisenbrocken auf der Erdoberfläche unter dem Einfluss ihrer eigenen Schwerkraft zu vereinigen, und sie erreichen schließlich eine beachtliche Größe. Da diese Massen wesentlich dichter sind als das umliegende Material, sinken sie zum Erdmittelpunkt. Das Absinken wird noch durch den Umstand beschleunigt, dass die umliegenden leichteren Mineralien ebenfalls sehr heiß und fließfähig sind und deshalb nach oben in Richtung Oberfläche gedrängt werden. Relativ schnell kommt es zur Ausbildung eines metallischen Erdkerns, allein durch das Schmelzen, Vermengen und Absinken des Eisens.

Nach den ersten einhundert Millionen Jahren der Erdgeschichte – und jetzt ändern wir ganz bewusst die zeitliche Perspektive –, also bereits kurz nach der Geburt des Planeten vor 4,6 Milliarden Jahren, verwandelt der Verdrängungswettbewerb der Elemente den ursprünglich wesent-

lich homogeneren Gesteinskörper in einen chemisch differenzierten Planeten mit einem metallischen Kern und einem felsigen äußeren Teil. Die umfassende Reorganisation erzeugt dabei eine derart gewaltige Energiemenge, dass sich nun die gesamte Erde verflüssigt und der Kreislauf der Gesteine in Gang bleibt. Die Geologen nennen diesen für die junge Erde so prägenden Prozess »Eisenkatastrophe«.

Es gibt aber noch eine weitere Energiequelle, nämlich im Erdinneren: die Radioaktivität. Der Zerfall von Atomen setzt Kernenergie frei, die sich in Wärme verwandelt. Vor allem der Zerfall von Uran und Thorium heizt den Erdmantel zusätzlich auf, und zwar noch mehr als 4,5 Milliarden Jahre lang.

Stellen Sie sich einmal die Zustände auf der Urerde vor Ihrem inneren Auge vor: Der Boden der ganz jungen Erde ist ständig in Wallung, vom ersten Tag des Geschehens an verändern sich unaufhörlich Zusammensetzung und Zustand der Gesteine. Oberflächenmaterial versinkt wieder ins Innere, wird aufgeschmolzen und neu zusammengesetzt. Gleichzeitig bricht hier und dort Magma aus dem Inneren hervor, spaltet und durchlöchert die Oberfläche, kühlt ab, verwittert, zerfällt und wird einige zehn Millionen Jahre später schließlich von Flüssen in die Meere getragen, um sich dort, auf der ozeanischen Kruste, abzulagern. Der kontinuierliche Wärmefluss von innen nach außen heizt Erdmantel und Erdkruste auf und drängt weiter glutflüssige Gesteinsmassen an die Oberfläche. Dort kühlen sie ab, erstarren zum Teil, werden von aufsteigendem Material verdrängt und sinken teilweise wieder in die Gluthitze der Tiefe zurück. Durch diesen scheinbar unerschöpflichen Prozess wird das Gestein je nach spezifischer Dichte geschichtet. Die schweren Elemente Eisen und Nickel sammeln sich weiterhin im Erdkern an, während die leichteren an die Oberfläche treiben. Der Kristallisationsprozess des Erdkerns geht immer weiter. Solche Umwälzungen – so in etwa stellt man sich die Hölle vor – sind mit gewaltigen Ausdünstungen verbunden: Gase dringen nach außen, immer mehr Wasserdampf, Kohlendioxid und Stickstoff sammelt sich in der Atmosphäre an. Chemisch sehr aggressive Elemente wie Natrium, Calcium und Chlor erscheinen an der Oberfläche. Nein, diese Urzeiten sind alles andere als gemütlich – alles verdampft oder verflüssigt sich und erhärtet wieder.

Vierhundert Millionen Jahre lang wiederholt sich dasselbe Spiel: Umwälzung, Schmelzen, Verdampfen, Abkühlung, Erhärtung. Da es kaum noch Einschläge von herumirrenden Felsbrocken gibt, beruhigt sich die Ererde allmählich. Der Planet erstarrt an seiner Oberfläche und kühlt mehr und mehr ab. Aber nach weiteren dreihundert Millionen Jahren geschieht etwas, was diesen Kreislauf abrupt unterbricht: Der Planet Neptun springt aus seiner ursprünglichen Bahn. Es kommt erneut zu einem ausgedehnten Flächenbombardement. Gewaltige Mengen an Gesteinstrümmern vom äußersten Rand des Sonnensystems schmettern mit aller Vehemenz auf die Urerde und durchschlagen ihre Oberfläche. Unser Mond ist der Kronzeuge dieser zweiten Einschlagwelle. Er wird ebenfalls unter Beschuss genommen. Seine dunklen, ebenen Flächen, die sogenannten Mare, sind mit Lava aufgefüllte Einschlagbecken und gewissermaßen die Narben dieses kosmo-archaischen Angriffs. Diese Male trägt er noch heute.

Nachdem in diesem Teil des Sonnensystems wieder Ruhe eingekehrt ist, passiert auf dem Erdtrabanten im Grunde genommen nichts mehr, was von Interesse wäre – bis zum 21. Juli 1969. Zwei Menschen, Neil Armstrong und Edwin Aldrin, verlassen ihren Heimatplaneten und landen auf dem Mond. Dabei hinterlassen sie ebenfalls Spuren für die Ewigkeit – Fußspuren. Während der Mond nämlich seine fossilen Narben konserviert, verschwinden auf der Erde die vier Milliarden Jahre alten Krater im Zuge der fortwährenden Erosion ihrer Oberfläche vollends. Die trichterförmigen Vertiefungen sind regelrecht begraben worden.

Damit haben wir in unserer Geschichte die letzte große außerirdische Invasion hinter uns gelassen. Von nun an schlagen zwar ab und zu Felsbrocken auf die Erde ein, aber nie wieder mit derart gravierenden Folgen. Es gibt keinen weiteren astralen Großangriff mehr. Das Sonnensystem kommt zur Ruhe. Es kann sich jetzt erstmals völlig ungestört entwickeln. Von nun an umkreisen junge Planeten ihren Mutterstern, und keine Störung von außen wird daran in den nächsten Milliarden Jahren etwas ändern. Kein anderer Stern kommt der Sonne und ihren Begleitern so nahe, dass seine Schwerkraft die Bahnen der Planeten beeinflussen könnte. Ziemlich nahe hingegen stehen sich Erde und Mond. Da beide sich gegenseitig anziehen, wird die Erde in ihrer Drehung um die eigene Achse abgebremst: Zunächst dreht sich die junge Erde binnen sechs bis sieben Stunden einmal um die eigene Achse. Sehr viel später benötigt sie dafür knapp vierundzwanzig Stunden.

Beobachten wir jetzt, wie das charakteristische Gesicht unseres blauen Planeten entsteht. Nach dem Schöpfungsbericht des Alten Testaments ist die Erde und alles auf und in ihr in sieben Tagen erschaffen worden. Die meisten Geologen sind allerdings der Ansicht, dass selbst ein biblischer Gott in diesen gewaltigen Schöpfungsakt bei Weitem mehr Zeit investiert haben muss. Gleichwohl ist auch in geologischen Maßstäben die Erschaffung der Erde relativ rasch vonstatten gegangen. Deshalb dürfte das Problem für uns als Autoren und für Sie als Leser vielmehr darin bestehen, den Überblick über dieses komplizierte Geschehen zu behalten. Man kann die Entstehungsgeschichte des Systems Erde nicht in seine Einzelteile zerlegen, ohne Gefahr zu laufen, dabei wichtige Zusammenhänge aus den Augen zu verlieren. Schon in der Anfangsphase hängt alles unweigerlich mit allem zusammen. Da in einem Text aber immer ein Wort auf das andere folgt, müssen wir hier zwangsläufig eine dramaturgische Gliederung vornehmen. Lassen Sie uns also mit einem heute noch für viele nicht nur aufgrund seiner Tiefe rätselhaften Teil des Systems Erde beginnen – mit den Meeren.

Maritime Welten

Ist es ein Zufall, dass knapp drei Viertel unseres Körpers aus Wasser bestehen und knapp drei Viertel der Erdoberfläche von Wasser bedeckt werden? Natürlich nicht, denn ohne Wasser können wir nicht leben, ohne Wasser wäre es nie zur Bildung der ersten Aminosäuren und folglich auch nicht zu Leben gekommen. Wasser – heutzutage ein immer knapper werdendes Gut – gibt es vier Milliarden Jahre vor unse-

rer Zeit noch in unvorstellbaren Mengen, zuerst in den dichten Wolken der Uratmosphäre als Wasserdampf und später verflüssigt als Regen, der ausgiebigst vom Himmel fällt: nicht einfach nur als Dauerregen, sondern sintflutartig schier unerschöpflich aus einer für Sonnenstrahlen undurchdringbaren Wolkenschicht. Bitte versuchen Sie sich Regenfälle vorzustellen, die etwa zehn Mal so stark sind wie der stärkste von Menschen registrierte Monsunregen. Man kann die damalige Erde mit Fug und Recht als riesiges Treibhaus bezeichnen, in dem Hitze, Dampf und Regen einen permanenten Kreislauf der Feuchtigkeit garantieren: Sobald der Regen auf die noch sehr heiße Erdoberfläche fällt, verdampft er. Dieser Dampf sammelt sich in der Atmosphäre und formiert sich zu weiteren Wolken und erneuten, unstillbaren Wolkenbrüchen. Heute lässt sich berechnen, dass es rund vierzigtausend Jahre ununterbrochen geregnet, ach was, geschüttet hat. Auf jeden Quadratmeter sind etwa 3000 Liter Wasser pro Tag geprasselt. Selbst Noahs Arche hätte keine Chance gehabt.

Doch eines Tages bricht der Himmel stellenweise auf, und zumindest für kurze Momente, hie und da, hört es auf zu regnen. Die Erdoberfläche hat sich infolge des Dauerregens dermaßen abgekühlt, dass das Wasser erstmals auf ihr liegen bleibt. Erst entstehen Rinnsale, dann Bäche, Flüsse und schließlich Seen und Ozeane. Der Wasserkreislauf, wie wir ihn kennen, beginnt: Wasser regnet herab, sammelt sich als Grundwasser, steigt auf in Quellen, wird zu Bächen, die sich zu Flüssen vereinigen, die wiederum in die Meere strömen. Von der riesigen Oberfläche der Ozeane verdunstet ein Teil, regnet wieder ab, und immer so fort. Aber sind dies schon jene Salzwasserozeane, die uns heute so vertraut sind? Dazu müssen wir die Atmosphäre genauer in Augenschein nehmen, aus der der erste Regen fällt. Sie besteht aus Wasserdampf, Stickstoff und vor allem aus Kohlendioxid. Durch den Regen wird viel Kohlendioxid aus der Atmosphäre herausgespült. Es reagiert mit den durch Vulkantätigkeit an die Oberfläche gebrachten Elementen und verbindet sich zu Carbonatgestein, im Wasser verwandelt es sich mit Natrium zu Soda (Na_2CO_3). Die jungen Ozeane sind regelrechte Sodameere mit basischem Charakter. Ihr pH-Wert ist sehr hoch, er liegt bei zehn bis zwölf. Unmengen des Sodas reagieren mit Calciumchlorid, und es entstehen Calciumcarbonat und jede Menge Kochsalz. Im Verlauf der ersten zwei Milliarden Jahre der Erdgeschichte wird aus dem alkalischen Soda-Ozean der fast neutrale Kochsalz-Ozean, der so viele Kinder einmal zu der dringenden Frage animieren wird: »Wie kommt eigentlich das Salz ins Meer?« Sie dürften jetzt um eine Antwort nicht mehr verlegen sein.

Das entstandene Carbonat wird im weiteren Verlauf durch den großen Carbonatgesteinskreislauf, im Zuge dessen es sich sozusagen in Schalentiere und Knochen einbaut, wieder aus dem Wasser entfernt.

Nun haben wir hier gerade beschrieben, wie die riesigen Mengen an Kohlendioxid aus der Uratmosphäre verschwunden sind und in die Tiefen der Erde eingelagert wurden. Ohne den dauerhaften »Wasserfall« wäre der hohe Kohlendioxidgehalt in der urzeitlichen Erdatmosphäre gleich geblieben – mit gravierenden Folgen. Da Kohlendioxid in jenen Urzeiten schon – wie leider auch heute – ein beson-

ders effektiver Verursacher des Treibhauseffektes ist, hätte sein Verbleib in der irdischen Uratmosphäre die Ausbildung von Leben glattweg verhindert. Die Temperaturen wären genauso in höllische Höhen gestiegen wie auf unserem Nachbarplaneten Venus, wo rund hunderttausend Mal so viel CO_2 in der Atmosphäre vorhanden ist wie auf der Erde. Dort, fernab der Erde, hat es nie geregnet, und die Unmengen an Kohlendioxid haben einen katastrophalen Treibhauseffekt mit 450 Grad Celsius Oberflächentemperatur verursacht.

Die intensiven Materie- und Energietransporte zwischen Meeren, Atmosphäre und den Kontinenten können wir nur andeuten: Material aus der Luft endet durch die Lösung in Wasser und durch chemische Reaktionen als Sediment auf dem Meeresboden. Der Boden bewegt sich, steigt auf und sinkt wieder in tiefere Schichten ab. Auf diese Weise gelangen Atome und Moleküle aus der Luft in die Tiefen der Erdkruste.

Steinige Wege

Die Gesteine und ihre Geschichte. Wo beginnt sie? Da die ersten echten Steine immer wieder gut durchmischt, aufgeschmolzen und wieder neu zusammengesetzt worden sind, finden wir heute von den ersten rund sechshundert Millionen Jahren unseres Planeten keine Spuren. Die ersten Ansätze der späteren Kontinente müssen sich jedoch sehr schnell gebildet haben, indem die glühende Oberfläche hier und da abkühlte und erstarrte. Zirkone, winzige Minerale im magmatischen Gestein, wurden bereits kurz vor dem Einsetzen des zweiten Bombardements in der Erdoberfläche eingeschlossen. Zirkone gibt es nur in den Granitgesteinen der Kontinente. In den basaltischen Gesteinen, die aus dem Meeresboden stammen, finden sich keine. Die ersten Urkontinente müssen also bereits 300 Millionen Jahre nach der Entstehung der Erde aufgetaucht sein. Es ist unwahrscheinlich, dass noch ältere Gesteine gefunden werden, weil das Meteoritenbombardement die erste Kruste unseres Planeten weitgehend zerstörte.

Wir fahren nun mit dem Beginn des längsten Zeitalters der Erdgeschichte fort, dem Präkambrium. Es dauerte knapp vier Milliarden Jahre an, das entspricht circa 90 Prozent der Erdgeschichte. In dieser unvorstellbar langen Zeit ist geologisch und chemisch sicherlich viel passiert, aber nur wenige Zeugnisse davon haben die Zeiten überdauert. Betrachtet man die gesamte Erdgeschichte als ein Kalenderjahr, dann hat diese eher im Dunkeln liegende Zeit vom 1. Januar bis zum 15. November angedauert. Erst danach begann die einigermaßen zugängliche, weil deutliche Spuren hinterlassende Erdgeschichte, sprich die Geschichte der Kontinente, der Sedimente und des Lebens. Es ist also außerordentlich schwierig, aus den Gesteinen etwas über die frühe Erdgeschichte zu erfahren. Aber die Physik hilft uns hier glücklicherweise weiter, denn Atome lügen nicht. Dank einer besonderen Eigenschaft bestimmter Atomkerne können die Geophysiker das Alter der Gesteine bestimmen. Der radioaktive Zerfall macht es möglich. Er vollzieht sich seit Anbeginn der Zeit für jeden zerfallenden Atomkern in gleichbleibenden Zerfallsreihen. Genaue Analysen der Erd-

kruste liefern somit recht präzise Altersangaben. Für die Kontinente ergibt sich daraus folgendes Bild: Die allerersten Landmassen der Kontinente treten rund dreihundert Millionen Jahre nach der Bildung der Erde auf. In den darauffolgenden 1,4 Milliarden Jahren wachsen sie zu Kontinentkernen heran, den sogenannten Alten Schilden oder Kratonen. Fortan verändern sie sich ständig – an manchen Stellen wird angebaut, an anderen verschwindet ein Teil wieder im Erdinnern. Angetrieben wird diese Krustenverwandlung und -entwicklung durch die Konvektionsbewegungen des glutflüssigen Erdmantelgesteins. Gut zwei Drittel der kontinentalen Kruste bilden sich im Präkambrium. Der Vorgang verläuft in Episoden und wird nach rund vier Milliarden Jahren zunächst abgeschlossen sein. Zwar bricht auch später noch aus den langen Riffgebirgen auf dem Boden der Ozeane immer neue Erdkruste, ozeanische Kruste, hervor, jedoch drängt sie die kontinentalen Platten nur auseinander und versinkt wieder unter den Kontinenten. Die Böden der Ozeane sind erdgeschichtlich noch sehr jung. Es gibt kein Gestein dort, das älter als 200 Millionen Jahre ist. Infolge unterirdischer Verzahnungen bildet sich neue kontinentale Kruste. Kernbereiche der Kontinente werden auf diese Weise wieder auseinandergerissen und als Krustensplitter an schon bestehende Teile angeschweißt. Mit dem Tanz der Kontinentalplatten auf dem heißen Untergrund des Erdmantels vollzieht sich eine scheinbar ewig währende planetare Metamorphose, die das Antlitz des Erdballs ständig verwandelt.

Haben Sie bis hierhin den Überblick über die ersten fünfhundert Millionen Jahre der Erdgeschichte behalten, überspringen Sie den folgenden Abschnitt. Für alle anderen fassen wir zusammen: Der sich in einem permanenten Prozess des Auskristallisierens befindliche Erdkern heizt alles auf und treibt so einen fortwährenden gewaltigen Kreislauf der Gesteine an. Heißes Material steigt zur Oberfläche, kühlt ab und erstarrt. Aus diesen kleinen Landmassen wachsen immer größere Kontinente heran. Diese ersten kontinentalen Gesteinsplatten sind umgeben von Urozeanen, aus deren ständig aufbrechenden Böden neues Material nach oben dringt. Auch die ozeanische Erdkruste entsteht auf diese Weise. Aus Schründen und Rissen quillt Gesteinsmaterial, das sofort wieder erstarrt. Die kontinentalen Platten sind alles andere als der so oft zitierte feste Boden unter den Füßen, der nicht nachlassende Wärme- und Gesteinstransport bringt sie zum Wanken. Sie reißen auseinander, stoßen zusammen, schieben riesige Erdmassen zu Gebirgen auf oder verschwinden gänzlich von der Erdoberfläche. So weit, so gut.

Freiheit für den Sauerstoff

Die Kontinente und der Grund der Meere sind aber nur ein Teil der noch jungen Erde. Über den Gesteinsströmen, den auseinandertreibenden und zusammenstoßenden Kontinentalplatten, existiert das Luftmeer der Atmosphäre. Wie sieht diese noch junge Erdatmosphäre aus? Sie enthält noch keinen Sauerstoff und kaum Stickstoff, aber schon Wasserdampf und sehr viel Kohlendioxid. Während sich die Kontinente bildeten, wurde offenbar der Ozean zum Ursprung des Lebens. Irgendwie entwickelten bestimmte kohlenstoff-

haltige Moleküle immer differenziertere Formen und Strukturen, die sich irgendwann selbst reproduzierten. Als zum ersten Mal Lebewesen in den Meeren schwammen, wurde eine Grenze überschritten: Tote Materie verwandelte sich in lebendige Wesen.

Das Leben brauchte eine knappe Milliarde Jahre, um die ultimative Energiequelle anzapfen zu können. Die Verwandlung des Sonnenlichts durch Photosynthese in Zuckermoleküle und frei werdenden Sauerstoff hat den Planeten Erde und seine Atmosphäre für immer verändert. Anfangs wurde der unter Wasser von den ersten Einzellern freigesetzte Sauerstoff bei der Bildung von oxidierten Gesteinen völlig verbraucht. Die sogenannten gebänderten Kieseleisenerze entstanden. Ihre Beschaffenheit lässt darauf schließen, dass sie sich unter Wasser relativ nahe am Festland gebildet haben.

Die Erde ist jetzt rund eine Milliarde Jahre alt, und noch weitere zwei Milliarden Jahre lang wird diese zuvor beschriebene Art der Gesteinsbildung, die keine Entsprechung in anderen geologischen Prozessen findet, den Sauerstoff der frühen Erdzeit binden. Nie wieder in der Geschichte der Erde werden solche besonderen Bändererze entstehen, weshalb sie zu den ältesten Gesteinen überhaupt gehören. Ihre markante Bänderung kommt durch den Wechsel von Eisenerz und Hornstein zustande. Das Wesentliche für unsere Atmosphäre ist dabei, dass sich, nachdem alles Eisen auf dem Boden der Meere oxidiert ist, keine Bändererze mehr bilden und der Sauerstoff endlich frei in die Luft entweichen kann. Jetzt kann aufgeatmet werden!

Sind Sie noch da? Zu unserer eigenen Versicherung fassen wir die Verwandlung und Entwicklungsgeschichte der frühzeitlichen Erde in wenigen Sätzen zusammen: Während sich das Gesicht der Erde ausformt, vollzieht sich die Wandlung des für alles heutige Leben unabdingbaren Luftmeeres. Die frühe Atmosphäre besteht zunächst aus Wasserstoff und Helium, das aber nicht lange von der noch glutflüssigen Erde festgehalten werden kann. Schließlich entlässt der Planet die gasförmigen Bestandteile der ersten stabilen Erdatmosphäre aus seinem Inneren: Kohlendioxid, Methan, Wasserdampf und Stickstoff. Es beginnt zu regnen, das Wasser fällt auf die Erde, bildet die Ozeane und schwemmt große Mengen an Kohlendioxid in das Gestein.

Nun tritt eine umfassende Veränderung ein. Mit dem Verschwinden erheblicher Mengen des Kohlendioxids aus der Atmosphäre schwächt sich der Treibhauseffekt so sehr ab, dass der Planet fast vollständig vereist. Daran ist nicht zuletzt auch die junge Sonne schuld, die einfach noch nicht genügend Wärme produzieren kann.

Die große Bühne, auf der Milliarden Jahre später unzählige Akteure mitsamt ihren Mit- und Gegenspielern Platz nehmen, hat sich selbst geschaffen. Der Vorhang zum nächsten Akt geht auf ... das Leben hält Einzug.

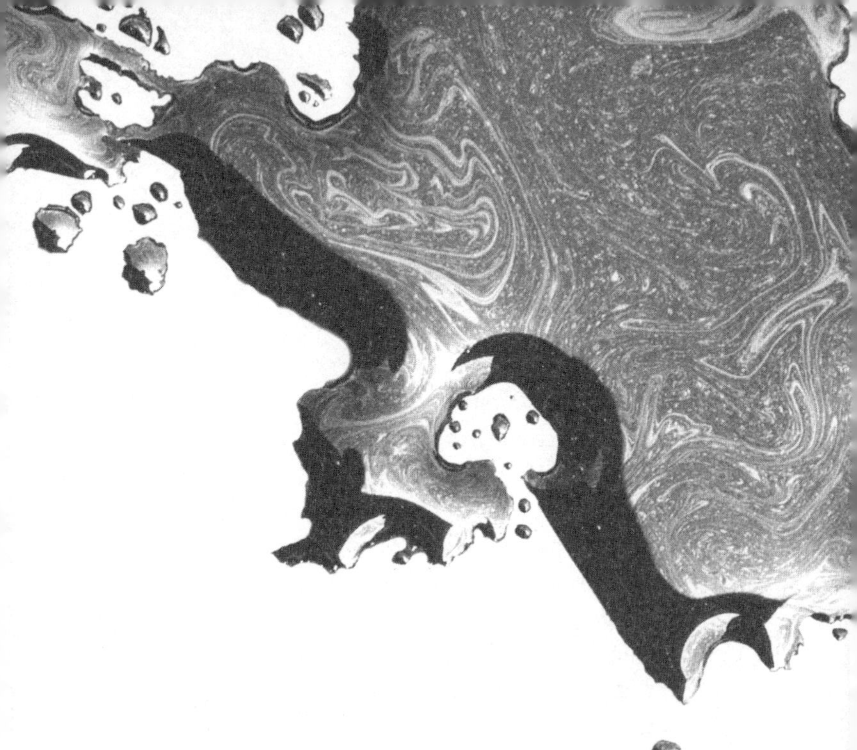

DER BEGINN

Von der Ursuppe zum Einzeller

... Es ist wirklich ein erhabener Gedanke ..., dass, während unser Planet, streng den Gesetzen der Schwerkraft folgend, in seinen Bahnen sich weiter dahinwälzt, sich aus einem so einfachen Anfang eine unübersehbare Reihe der schönsten und wunderbarsten Formen entwickelt hat und noch immer entwickelt. Charles Darwin

Wenn Gott es nicht so gemacht hat, hat er eine gute Gelegenheit ausgelassen. Stanley Miller

... und was war zuerst da: die Henne oder das Ei? Welches von beidem existierte vor dem anderen? Welches hatte chronologisch betrachtet die Nase vorn? Welches ist das Produkt des anderen? Hätten Sie gewusst, dass es auf diese scheinbar nicht beantwortbare Frage gleichwohl eine ebenso logische wie banale Erklärung gibt? Wie bitte, Sie glauben uns nicht? Nun, dann wird es höchste Zeit, Ihnen den hierfür verantwortlichen Stammvater näher vorzustellen.

Vor dem Ei und der Henne gab es nur einen Pionier ihrer Evolution: ihren gemeinsamen Vorfahren, jene Lebensform, die in der Entwicklungslinie der legitime Vorgänger des Huhns war. Logischerweise muss aber auch dieser einem Ei entsprungen sein, womit sich automatisch die Frage aufdrängt, welches Lebewesen wiederum dessen Ahne gewesen war. Dieses Frage- und Antwortspiel lässt sich immer weiter fortsetzen und über unzählige Generationen zurückverfolgen. Führen wir diesen Gedanken konsequent zu Ende, gelangen wir schließlich an einen Punkt, der für das biologische Werden ein Anfangspunkt war. Und just diesen wollen wir jetzt gemeinsam mit Ihnen genauer unter die Lupe nehmen. Dazu müssen Sie nur Ihrer Phantasie freien Lauf lassen.

Reise zur Ursuppe

Lieber Leser, stellen Sie sich eine Zeitmaschine in Form eines Raumschiffs vor, die wir extra für Sie konstruiert haben und die startbereit mit einem programmierten Reiseziel vor Ihnen steht. Haben Sie selbige vor Ihrem geistigen Auge? Sehen Sie das futuristische Gebilde? Ja? – Gut! Dann bitten wir Sie, zügig darin Platz, aber zugleich davon Abstand zu nehmen, Ihren Liebsten und Angehörigen von unserer bevorstehenden Exkursion zu erzählen. Es könnte nämlich eine Reise ohne Wiederkehr werden, wenn wir nicht höllisch aufpassen. Streifen Sie nun alle Bedenken schleunigst ab und steigen Sie mit uns frohen Mutes in die Zeitkapsel ein, die Sie mit Überlichtgeschwindigkeit in die Vergangenheit katapultieren wird. Sind Sie angeschnallt? Einen Moment – wir kontrollieren nochmals die Zielkoordinaten. Reiseziel: Urerde; Zeitziel: 3,8 Milliarden Jahre vor unserer Zeit. Alles ist korrekt! Also, Augen zu und durch.

Zunächst einmal müssen wir beim Eintauchen in die sehr junge Uratmosphäre der Erde besondere Vorsicht walten lassen. Schließlich nähern wir uns einer Welt, die mit biologischem Leben wenig im Sinn hat. Wir durchfliegen gerade einen höchst absonderlich geformten Wolkenteppich. Dieser erinnert an zähflüssigen Teig, der dicht an dicht schwerfällige Blasen wirft und sich ob seines Gewichts gerade noch so in der Luft halten kann. Diese Wolkenformation hat wirklich nichts mit der uns heute so vertrauten gemein. Der Dunst aus Stickstoff, Methan und anderen Kohlenwasserstoffen, der das Antlitz der urzeitlichen Erde vollkommen verdeckt, lässt nur spärliches Sonnenlicht hindurch. Wie

mag es unterhalb dieses trüben Schleiers aussehen? Wir erblicken in der Ferne einige Meteoriteneinschläge und werten dies als Beleg dafür, dass kosmische Himmelskörper die immer noch im Aufbau befindliche, primitive Uratmosphäre bereits des Öfteren problemlos durchdrungen haben. Unsere Lichtsensoren registrieren, dass permanent intensive, ultraviolette Strahlung ungefiltert niederprasselt, weißes Sonnenlicht jedoch nicht. Während unseres Sinkflugs wird unsere Kapsel heftig von stürmischen Winden durchgeschüttelt. Als wir die Landung auf dem heißen Untergrund wagen, begrüßt uns ein stakkatomäßiges Donnern und Blitzen, begleitet von einem peitschenden, nicht mehr enden wollenden Regen. Der direkte Blick nach unten verheißt auch nichts Gutes. Wasser, überall Wasser, und kaum größere zusammenhängende Landmassen. Von Kontinenten keine Spur. Was wir sehen, sind bestenfalls Mikrokontinente, über die vereinzelt glutflüssiges Gestein fließt, das sich einen Weg aus dem Erdinneren an die Oberfläche bahnt, abkühlt und erstarrt. Am Horizont erblicken wir einen qualmenden Vulkan, der nur scheinbar ruht, in Wirklichkeit aber seine Kräfte bündelt, um das nächste Feuerwerk zu entfachen. Ein anderer dagegen läuft bereits auf Hochtouren: Aus seinen offenen Ventilen speit er nicht nur Lava, sondern mit ihr auch äußerst aggressive Säuren wie Schwefel-, Chlor- und Fluorwasserstoff und Gase wie Methan, Ammoniak und andere. Unsere Detektoren analysieren die Zusammensetzung der Luft: Methan, Ammoniak, Wasserstoff, Wasserdampf und Kohlendioxid. Kein schönes Land hier, von Sauerstoff ganz zu schweigen! Wir werden uns wohl oder übel einen Schutzanzug überstülpen müssen. Du liebe Güte, ist das wirklich der Planet, auf dem sich – wie es in allen Lexika steht – alsbald Leben bilden wird?

Bevor wir aussteigen und zur Tat schreiten, lassen wir noch einmal die letzten 800 Millionen Jahre Revue passieren. Während der Erdurzeit, des Katarchaikums, kommt es zu vielen geologischen und chemischen Prozessen, bei denen die Grundstoffe für die Ausbildung von Leben bereitgestellt werden. So entsteht in diesem Zeitraum durch aufsteigende und sich erhärtende Lava die Erdkruste, woraus die Landfläche ihre Festigkeit bezieht. Sintflutartige Regenfälle treiben die Bildung der Meere voran – und währenddessen wächst im Inneren unseres Planeten ein fester Kern aus Eisen und Nickel heran. Die Folge: Die Erde kann endlich das so dringend benötigte Magnetfeld aufbauen, um einen Teil der schädlichen solaren Teilchen abzuschirmen.

Das allererste Leben entsteht in einer Umwelt, die zahlreiche Energiequellen offeriert. Da gibt es zunächst die kosmischen Quellen: Meteoreinschläge, UV-Strahlung der Sonne und die schnellen Teilchen des Sonnenwindes. Und dann die rein irdischen: gewaltige Vulkanausbrüche, fortwährende Gewitter und pausenloser Starkregen. Im Erdinneren drückt die Hitze des Erdmantels Material nach oben und liefert so ständig Wärme und neue Mineralien. Die unermüdliche Brandung der Urozeane sorgt für eine ständige mechanische Auflösung von Gesteinen. Alles zusammen ergibt perfekte Energielieferanten für alle chemischen Reaktionen, die für die Ausbildung von Leben notwendig sind.

Nun wollen wir uns wieder unserer *Gegenwart* widmen, sprich der Zeit vor 3,8 Milliarden Jahren, und betreten

imaginär als erste Lebewesen den jungen Erdboden, der sich völlig zu Recht mit diesem Attribut schmücken darf.

Unsere ersten Schritte auf dem Urboden werden von einem leichten Beben begleitet. Die Oberfläche, auf der wir stehen und gehen, wankt und zittert, wofür es einen plausiblen Grund gibt: Die Mikrokontinente bestehen aus relativ leichten, gleichwohl robusten Felsen, die zwar eine Einheit bilden, letztlich aber den Kräften der Plattentektonik hilflos ausgesetzt sind. Und da auch die in den Ozeanbecken eingebetteten hydrothermalen Vulkanschlote ihre schwefelhaltigen Duftnoten aus dem Inneren der Erde nicht zurückhalten können, sind kleinere Erdbeben an der Tagesordnung.

Wir laufen weiter. Einige Meter entfernt liegt ein Gesteinsstück, das wir geochemisch näher unter die Lupe nehmen. In seinem Inneren entdecken wir einen wunderschönen Zirkonkristall. Anhand des Uran-Blei-Verhältnisses und der Zusammensetzung der verschiedenen Sauerstoffisotope des Steins gelangen wir zu einer aussagekräftigen Datierung. Der in dem Gestein eingeschlossene Zirkonkristall würde im 21. Jahrhundert nach unserer Zeitrechnung erstaunlicherweise 4,4 Milliarden Jahre alt sein. Er muss sich ergo bereits 150 Millionen Jahre nach der Entstehung der Erde in der Nähe von Wasser verfestigt und gebildet haben. Erste Kontinente und kleinere Ozeane könnten demnach zu dieser Zeit bereits existiert haben. Kaum zu glauben!

In Sichtweite befindet sich ein kleiner Tümpel, dem wir eine Wasserprobe entnehmen. Die Flüssigkeit in diesem bräunlich gefärbten Teich ist dickflüssig wie Öl und warm wie das Wasser in einem Whirlpool. Die anschließende Untersuchung bestätigt unseren Verdacht: In dem Gewässer tummeln sich bereits Aminosäuren, sogenannte Monomere, die unter dem Einfluss der UV-Strahlung aus simplen, organischen Verbindungen entstanden sind. Es bestätigt sich einmal mehr, dass H_2O für das Leben ein unverzichtbares Molekül ist. Stehen wir hier tatsächlich vor dem »kleinen warmen Teich«, in dem sich, wie Charles Darwin im Jahr 1871 vermutet, die erste Proteinverbindung gebildet haben könnte? Oder verteilten sich solcherlei aminosäurehaltige Nährbrühen über den ganzen Globus? Letzteres ist wahrscheinlicher. Offenbar gehören die in dem Teich schwimmenden organischen Moleküle zu jenen, denen in 3,8 Milliarden Jahren einmal nachgesagt werden wird, Bausteine des Lebens gewesen zu sein, obgleich sie letzten Endes nur die Urstoffe der Proteine sind. Denn wenn überhaupt, dann bilden die hauptsächlich aus den Elementen Kohlenstoff, Wasserstoff, Sauerstoff und Stickstoff bestehenden Proteine bzw. Eiweiße die Grundbausteine aller Zellen. Mehr nicht, aber auch nicht weniger.

Unser Fund beschränkt sich leider nur auf kleinere Moleküle – längere, aus zahlreichen Proteinen bestehende Molekülketten, sogenannte Polymere, finden wir in dieser Wildnis nicht. Mehr ist auf der Erdoberfläche, die unablässig von sehr starker ultravioletter Strahlung bombardiert wird, nicht zu erwarten. Wenigstens haben wir erste Vorstufen der Bausteine des Lebens gefunden. Hätten wir aus diesem urzeitlichen Weiher einige Millionen Jahre früher eine Probe entnommen, hätten die Messinstrumente noch nicht einmal ein einziges Aminosäuremolekül aufgespürt.

Noch können die energiereichen UV-Photonen aufgrund

des Fehlens der abschirmenden Ozonschicht (sie bildet sich erst viel später) größere Aminosäuremoleküle immerfort in ihre Bestandteile zerlegen. Einerseits brechen diese Moleküle schnell wieder auseinander, andererseits vereinigen sie sich aber innerhalb kurzer Zeit erneut und finden sogar in Folgereaktionen zu komplexeren, organischen Molekülen zusammen, die aber gleich wieder zerstört werden. Es ist ein einziges Hin und Her, ein Werden und Vergehen. Die zwiespältige Wirkung der UV-Strahlen lässt die zerbrechlichen Aminosäureverbindungen nicht zur Ruhe kommen – zumindest nicht jene, die ungeschützt im flachen Gewässer treiben.

Eine Probe aus tieferen Gewässern tut not. Lassen Sie uns mit unserem Gefährt kurz in den Urozean eintauchen und dort nach komplexeren Aminosäuren Ausschau halten. Unmittelbar unter der Wasseroberfläche stoßen wir auf ähnlich geartete Moleküle wie in dem öligen Teich. Aber bereits in einer Tiefe von zehn Metern taucht eine Anzahl komplizierter Aminosäure-Strukturen auf. Je tiefer wir gehen, um so mehr nehmen Zahl und Größe der Moleküle zu. Hier ist der Ort, an dem sich jene Bruchstücke zu großen Molekülen sammeln, die weiter oben noch von der UV-Strahlung zerschmettert werden. In der maritimen Tiefe also und nicht auf der Wasser- oder der Erdoberfläche befinden sich die wahren Laboratorien des Lebens. Weil das Meerwasser die zerstörerische Wirkung des UV-Lichts so effektiv abschirmt, bilden sich die Aminosäuren im tieferen feuchten Nass zu neuen, weitaus komplexeren Makromolekülen als je zuvor. Stark zerklüftete Gesteins- und Tonschichten sorgen in den »Schluchten« und »Fjorden« des Untergrunds dafür, dass die

Moleküle in und an diesen hängen bleiben. Hier kommen die Moleküle einander so nahe, dass enge Verbindungen entstehen. Verdunstet ein Teil des Wassers im Laufe von Jahrtausenden, wird die Lösung eingedickt und die Molekülkonzentration und die Wahrscheinlichkeit neuer Verbindungen nochmals erhöht. Aber Wellen und Wind kehren bisweilen das Unterste zuoberst, sodass auch Neues wieder zerstört wird. Aus dieser Lotterie gehen als Gewinner ausschließlich solche Moleküle hervor, die eine besondere Stabilität und Flexibilität aufweisen. Auf diese Art und Weise bilden sich in den Meeren und wohl auch vereinzelt in den über den Erdball verstreuten Millionen von Seen und Tümpeln bereits sehr früh überlebensfähige organische Moleküle. Als organische Substanzen der Ursuppe entstehen sie wohlgemerkt *ohne* die Hilfe von Lebewesen und leiten den Auftakt zur größten Revolution der Evolution ein.

Erste Einzeller – Erfinder der Photosynthese

Ehe wir uns diese evolutionäre Revolution zu Gemüte führen, reisen wir zunächst einmal 300 Millionen Jahre in die damalige Zukunft, wo laut gängiger Lehrmeinung die ersten greifbaren Resultate dieser biologischen Umwälzung zu sehen sind und wo die ersten Mikroben der Erde das Licht der Sonne »gefühlt« haben sollen. Dass ausgerechnet Bakterien als erste Lebensformen den Planeten besiedelt und erobert haben, verwundert nicht. Schließlich sind Mikroben auch heute noch die mit Abstand erfolgreichste und zugleich resistenteste Lebensform auf unserer Welt. Praktisch überall sind sie heimisch geworden. Wie kein anderes irdisches Lebewesen trotzen sie extremsten Umweltbedingungen. Im polaren Meereis, in heißen Quellen, bei hohen Salzkonzentrationen, unter basischen oder sauren Bedingungen, in großer Tiefe (ohne Licht), unter starkem Druck, ja sogar im Vakuum, sprich im Weltraum (ohne Sauerstoff), können sich diese Überlebenskünstler mit Leichtigkeit vermehren. In einem Gramm Ackerboden oder auf einem Quadratzentimeter Haut tummeln sich jeweils rund hunderttausend solcher Kleinstlebewesen. Die Gesamtmasse mikrobiologischen Lebens auf unserem Planeten ist nahezu unberechenbar groß. Mikrobiologen schätzen, dass Bazillus & Co. das Fünf- bis Fünfundzwanzigfache der Masse der jetzt lebenden gesamten Fauna ausmachen. Verständlich, dass die Wissenschaft bis heute bestenfalls nur Randgebiete des Mikrokosmos erforscht und maximal ein Prozent seiner Bewohner kennengelernt hat, die die heimlichen Herrscher der Erde sind – damals wie heute.

Wir hingegen wollen wirklich einen der allerersten Organismen mit unseren eigenen Augen live erleben. Zu diesem Zweck steuern wir ein Küstengebiet an, in dem wir die ältesten Lebensformen des Planeten Erde vermuten. Wir tauchen unser Reagenzglas ins lauwarme Meerwasser und begutachten unter Zuhilfenahme eines Elektronenmikroskops die Probe. In dem sich vor uns ausbreitenden mikrobiologischen Kosmos begegnen wir einer sehr widerstandsfähigen Mikrobenart: den Cyanobakterien. Dass sich diese winzigen Tausendsassas mit ihrer charakteristischen Blaugrün-Färbung aus unserer heutigen Sicht seit mehr als 3,5 Milliarden Jahren auf der Erde wohlfühlen, spiegelt ihr

Stammbaum deutlich wider. Obwohl das Gros der urtümlichen Cyanobakterien inzwischen ausgestorben ist, leben heute immer noch zweitausend unterschiedliche Arten dieses Bakteriums auf unserer Heimatwelt – die letzten direkten Nachfahren der frühesten bekannten Urbakterien sind als Stromatolithen im heutigen Australien zu bestaunen. Darunter verstehen Meeresbiologen knollige Kalkablagerungen, die durch marine Blaualgen, genauer gesagt Cyanobakterien, entstehen. Diese Organismen vermehren sich mittels eines Tricks stark und schnell.

Der Blick ins Mikroskop offenbart den Grund, warum diese Mikrobenart von Anbeginn ihres Daseins zum erfolgreichsten Lebewesen unseres Planeten avancieren konnte. Die Cyanobakterien sind die Erfinder des ältesten und biologisch effektivsten Coups der Natur, wenn es darum geht, Energie zu gewinnen. Sie beherrschen eine Strategie, die fast alle Landpflanzen, Algen und einige Bakterien im Verlauf der Evolution weiterentwickelt haben – bis heute: die Photosynthese. In dieser Abfolge von verschiedenen biochemischen Prozessen verwandeln sie unter Einbeziehung von Kohlendioxid mittels spezieller lichtabsorbierender Farbstoffe das Licht der Sonne in chemische Energie. Die blaugrüne Färbung rührt von ihrer Pigmentierung her, insbesondere von dem in den Bakterien vorhandenen Chlorophyll. Treffen Lichtstrahlen auf die grünen Pigmente, zerfällt das absorbierte Kohlendioxid in zwei Hälften. Während die Mikrobe den Kohlenstoff als Nahrungsquelle verwertet, scheidet sie den frei werdenden Sauerstoff aus. Andere Mikroorganismen, wie beispielsweise die Vertreter der Grünen Schwefelbakterien (Chlorobien), die fast zeitgleich mit den Cyanobakterien auftauchen, betreiben eine anoxygene Photosynthese und produzieren überhaupt keinen molekularen Sauerstoff (O_2). Was indes alle zellenartigen Lebewesen eint – ob Bakterien oder sogenannte Archaeen (Archaebakterien oder Urbakterien) –, ist die schlichte Tatsache, dass sie Prokaryonten (griechisch: vor dem Kern) in reinster Ausprägung sind. Prokaryonten besitzen keinen von einer Membran umhüllten Zellkern und enthalten auch keine Organellen (strukturell abgrenzbarer Bereich einer Zelle mit besonderer Funktion) wie etwa Mitochondrien, sind aber dennoch fähig, sich effektiv fortzupflanzen – sowohl qualitativ als auch vor allem quantitativ, und zwar ungeschlechtlich durch Zweiteilung. Ihre Effizienz ist beinahe erschreckend: Zwei Milliarden Jahre lang dominiert dieser Typus das biologische Geschehen auf der Erde. Parallel zum Aufkommen der Bakterien geben auch Viren ihre Visitenkarte ab, die gleichwohl als Grenzgänger zwischen Leben und Tod mehrheitlich nicht als Organismen eingestuft und daher nicht den Prokaryonten zugerechnet werden. Hauptgrund: Sie haben keinen Stoffwechsel und sind auch nicht in der Lage, sich aus eigener Kraft fortzupflanzen. Dennoch: Gäbe es ein auf dem Kriterium »Survival of the Fittest« (sinngemäß: Überleben der bestangepassten Individuen) basierendes evolutionäres Ranking, würden sich die Viren den ersten Platz mit Bakterien teilen. Anpassungs-, verwandlungs- und widerstandsfähig wie beide Lebensformen sind, kann mit ihnen keine andere auch nur annähernd konkurrieren.

Die DNS-Revolution

Wir nehmen uns nochmals die Ursuppe vor, in der neben den Aminosäuren auch einfachste Fettsäuren wie Ameisen-, Essig- und Propionsäure »kochen«, aus denen sich Fette, sogenannte Lipide, bilden, wie sie zum Aufbau von Zellmembranen unverzichtbar sind. Damit sich das Leben selbst »verwirklichen« und aus eigener Kraft reproduzieren kann, kreiert die Natur einen phantastischen Mechanismus und löst mit ihm die bereits angedeutete größte Revolution der Evolution aus. Das Wundermolekül Desoxyribonukleinsäure (DNS; engl. DNA), das äußerlich einer verdrehten Strickleiter ähnelt, avanciert zum Träger der Erbinformation und zum Wächter aller Baupläne organischen Lebens. Es speichert Informationen, vermag sich selbst zu kopieren und altes und junges Wissen zu tradieren. Das ist eine völlig neue Qualität, die die Cyanobakterien als Erste zur Schau tragen. In ihrem Zytoplasma (Zellflüssigkeit) schwimmen die ersten DNS- und RNS-(Ribonukleinsäure-)Pioniere der Weltgeschichte – frei und ungeschützt.

Natürlich stellt sich hier die Frage aller Fragen: Wie kam *Leben* in die leblosen Moleküle? Wie konnten aus im Wasser treibenden Aminosäuren Mikroben hervorgehen? Und ab wann darf man überhaupt von Leben beziehungsweise Lebewesen sprechen?

Nun, über die chemischen Vorgänge, die zur Bildung von Zellen führten, wissen wir so gut wie nichts. Was den zweiten Akt der Schöpfung ausgelöst hat, bleibt für uns nach wie vor ein Buch mit sieben Siegeln. Die Kapitel, in denen ein überzeugendes Bild der Entstehung des Lebens nachgezeichnet werden könnte, bleiben uns verborgen. Wer nach einer allgemeingültigen Definition für Leben sucht, begegnet immer wieder charakteristischen Merkmalen wie: Wachstumsfähigkeit, Fortpflanzungsfähigkeit, Anpassung an Veränderungen der Umwelt und die Befähigung zum Energie-, Stoff- und Informationsaustausch. Allerdings treffen viele dieser Eigenschaften auch auf einige chemische, physikalische und technische Systeme zu. Wie dem auch sei – das Leben ist nun einmal auf der Welt, und alle bekannten Lebensformen auf der Erde, vom Bakterium bis hin zum Menschen, profitieren von der enormen Bindungsfreudigkeit des chemischen Elements Kohlenstoff.

Signifikant für Kohlenstoff ist seine Neigung, sich zu komplexen Ketten- und Ringmolekülen zu formen und mit fast sämtlichen anderen Elementen enge Bindungen einzugehen. Als molekulare Grundlage allen irdischen Lebens finden sich ausnahmslos in allen organischen Lebewesen (Pflanzen, Tieren, Menschen) Kohlenstoffverbindungen. Ohne Kohlenstoff gäbe es keine DNS bzw. RNS. Und ohne Kohlenstoff wären alle lebenstypischen Makromoleküle (Nukleinsäuren und Proteine), die fünf Basen und zwanzig Aminosäuren, nicht auf der Welt. In heutiger Computersprache gesprochen: Während das zentrale Hardware-Element Kohlenstoff das Gerüst des Lebens gestaltet und stabilisiert und somit den äußeren Rahmen für das Wachstum und die Vermehrung zukünftiger Organismen schafft, fungiert die DNS als Software. In ihr ist die Erbinformation verschlüsselt, und aus ihr erfährt die nächste Generation von Lebewesen, wie die Stoffwechsel-, die Wachstums- und die Fortpflanzungsprozesse abzulaufen haben. Die Fähigkeit, die überlebenswichtige Information zu speichern und zu kopieren bzw. zu tradieren, beruht auf der spezifischen Aneinanderreihung der Moleküle, aus denen die Kette des wendeltreppenartig geformten DNS-Strangs zusammengesetzt ist. Über diese einzigartige Molekülreihung steuert die DNS sowohl die biochemischen Prozesse zur Erhaltung des eigenen Organismus als auch die Vorgänge zur identischen Reproduktion des gesamten Individuums. Mithilfe eines »Kopierers«, der Ribonukleinsäure, der gewissermaßen die Molekülreihung abschreibt, wird die in der DNS enthaltene Botschaft zu den Eiweißfabriken des Individuums weitertransportiert. Dort werden aus Aminosäuren wieder neue Proteine zusammengebaut. Dieser Verdopplungsmechanismus ist der Schlüssel allen Lebens auf der Erde.

Natürlich ist auch der Mensch ein Kind der DNS. Denn im Innersten seiner Zellen, im Zellkern, ist das DNS-Molekül in den jeweiligen Chromosomen zur Doppelhelix aufgespult. Es existieren sechsundvierzig einzelne Chromosomen bzw. dreiundzwanzig Chromosomenpaare. Die DNS jedes Chromosoms wiederum trägt Tausende von Informationseinheiten, die wir Gene nennen. Darunter verstehen wir im Allgemeinen die letzte unteilbare, zur Selbstverdopplung befähigte Einheit der Erbinformation. Jeweils ein Gen repräsentiert einen kurzen DNA-Abschnitt, auf dem Anweisungen für die Herstellung bestimmter Eiweißstoffe enthalten sind: der Proteine, die selbst aus vielen hintereinander aufgereihten Aminosäuren bestehen. So steuern unsere Gene einerseits das komplizierte Zusammenspiel, das die Entwicklung von einer befruchteten Eizelle zum erwachsenen Menschen bewirkt, andererseits beeinflussen sie auch unser Aussehen und viele unserer Eigenschaften. Geschrieben sind die Bauanleitungen der DNS in einem Vierbuchstabensystem, bei dem jeder Buchstabe einem der chemischen Bausteine der DNS, der Nukleobasen Adenin (A), Guanin (G), Thymin (T) und Cytosin (C), entspricht (bei der RNS käme anstelle von Thymin die Base Uracil hinzu). Würden Sie den Versuch starten, ein bestimmtes Gen Ihrer DNS ausfindig zu machen, wäre dies so, als suchten Sie in einer Bibliothek nach einer ganz bestimmten Enzyklopädie, um einen unbekannten Begriff fachwortgerecht aufzulösen. Beim Griff ins Buchregal stünden Ihnen sechsundvierzig Lexika zur Auswahl. Das entnommene Werk bestünde ausschließlich aus den vier Buchstaben A, G, T und C, die zu allem Überfluss noch auf unberechenbare Weise ihre Position wechseln und sich an keiner Stelle zu einem erkennbaren Wort oder logischen Satz zusammenfügen. Anstelle von zusammenhängendem Text und gezielter Information sähen Sie nur ein scheinbar sinnloses Durcheinander und unübersichtliches Chaos, ein vierlettriges Textbild wie beispielsweise AGTTCGTGAAAACTCCG. Umso erstaunlicher ist es, dass alle Lebewesen auf der Erde sich dieses scheinbar kryptischen Letternquartetts bedienen. Verwunderlich ist auch, dass ihre zellularen Werkzeuge aus dem Buchstabensalat überhaupt schlau werden, zumal 97 Prozent dieser »Schriftzeichen« von heutigen Molekularbiologen als nutzlose Informationen angesehen werden.

Der große Auftritt der »kernigen« Einzeller

Unsere nächste Station führt uns 2,3 Milliarden Jahre in die Zukunft. Auf dem Display unseres Bordcomputers erscheint das neu einprogrammierte Zeitziel: 1 500 000 000 Jahre vor Christus. Wir durchfliegen gerade einen recht langen Zeitraum, in dem aus biologischer Perspektive so gut wie nichts passiert. Anstatt sich weiterzuwickeln, beschränken sich die urzeitlichen Mikroorganismen ausschließlich auf die Nachwuchsarbeit. Sie vermehren sich exzessiv und sind mitnichten daran interessiert, eine nächsthöhere Daseinsebene zu erreichen. Vielmehr verharren die einzigen irdischen Lebensformen in einem scheinbar ewigen Winterschlaf und verspüren nicht die geringste Lust, sich neuen Herausforderungen zu stellen und mit der Natur zu experimentieren, so wie dies ihre Nachfahren später einmal sehr ideenreich praktizieren werden. Nein, die in der Frühzeit lebenden Bakterien sind in puncto Kreativität einfalls- und lustlose sowie konservative, höchst phlegmatische Erdbewohner. An der Zukunft ihres Planeten sind sie nicht interessiert, woran die wenig lebensfreundlichen äußeren Bedingungen, allen voran die fast sauerstofffreie Atmosphäre, fraglos ihren Anteil haben. Sollte nicht jetzt, 1,5 Millliarden Jahre vor unserer Zeit, wie wir von der einschlägigen Literatur wissen, alles ganz anders sein?

Unsere Messinstrumente bestätigen, dass die Sauerstoffkonzentration in der Atmosphäre während der letzten zwei Milliarden Jahre immerhin auf den Wert von einigen Prozent angestiegen ist. Aha, es hat sich also doch einiges getan.

Zurückzuführen ist dieser enorme Zuwachs auf die ausschweifende photosynthetische Aktivität unserer frühzeitlichen Freunde, der Cyanobakterien. Dank der Vorliebe dieser Mikrobenart, sich hemmungslos zu teilen und den eigenen Bestand dadurch exponentiell zu erhöhen, war es zu einer starken Freisetzung von Sauerstoff gekommen. Dieser verband sich anfangs noch mit Eisen zu Eisenoxid. Irgendwann aber verabschiedete sich der Sauerstoff von seinem rostigen Milieu und fand sich in luftiger Höhe wieder, wo er sich immer stärker anreicherte. Das Gesicht der Erdatmosphäre änderte sich radikal. Wo ehemals dichte Wolkenteppiche aus Methan und Kohlendioxid nahezu jegliches Sonnenlicht wirksam abschirmten, passierten fortan Sonnenstrahlen die frühere Barriere und trafen auf die Erde. In 15 Kilometern Höhe über dem Erdboden vollzog sich nun eine ungewöhnliche Verbindung. Durch das komplizierte Wechselspiel zwischen ständig nachgeliefertem freien Sauerstoff und der ultravioletten Strahlung entstand das erste Ozon (O_3). Unzählige weitere Trios folgten diesem Beispiel.

Für die Entwicklung des Lebens war diese Synthese ausgesprochen segensreich, war doch auf diese Weise endlich der lang ersehnte wichtige Schutzschild gegen das zerstörerische UV-Licht entstanden. Von nun an kann sich das aufkeimende Leben unter deutlich erleichterten Bedingungen ausbilden. Und es tut dies mit Bravour, indem es einen völlig neuartigen Zelltypus etabliert, der binnen kurzer Zeit den gesamten Planeten annektiert. Die Stunde der Eukaryonten (griechisch: echter Kern) schlägt. Dieser Zelltyp verfügt erstmals über einen Zellkern und eine zelleigene kleine Armee von Werkzeugen, von denen neben den Ribosomen (diese »Eiweißfabriken« zählen mit zu den kleinsten Körperchen im Inneren lebender Zellen) die Mitochondrien (die eine eigene DNS besitzen) deshalb die wertvollsten sind, weil sie – den »neuen« Sauerstoff nutzend – als winzige Kraftwerke eine ganz zentrale Rolle im Energiehaushalt spielen. Den Weg, den die zellkernlosen Prokaryonten langfristig unter großen Opfern – viele von ihnen werden später von ihren biologischen Nachfolgern gnadenlos verdrängt – geebnet haben, beschreiten die Eukaryonten nunmehr konsequent weiter. Fast um das Zehntausendfache größer und in puncto DNS-Menge tausend Mal schwerer, können Eukaryonten in ihrer Erbmasse, die im Gegensatz zu der von Prokaryonten nicht mehr frei schwimmend im Zytoplasma, sondern geschützt im Zellkern eingebaut ist, schlichtweg mehr Informationen unterbringen als ihre zellkernlosen Vorgänger, was sich insbesondere in der immensen Vielfalt der Strukturen und Funktionen dieser Zellen widerspiegelt. Der Sprung des Lebens zu vielzelligen Organismen gelingt nur, weil Eukaryonten das Zepter der zellularen Herrschaft übernehmen. Ohne diese Machtübernahme würde es auf unserem Planeten kein höher entwickeltes Leben geben. Von nun an können die Eukaryonten binnen einer Milliarde Jahre einen neuen Kurs einschlagen. Es erscheinen immer größere, immer komplexere Lebewesen, die den Weg freimachen für noch größere, noch komplexere Lebensformen. Die Erfindung der Zellteilung macht es möglich. Aus einer Zelle erwachsen zwei exakt identische Zellen. Dieser Mechanismus funktioniert bis auf den heutigen Tag sehr zuverlässig.

BIOLOGISCHE EXPANSION

Kambrische Explosion und das Ende der Dinosaurier

Alles tierische Leben zu Lande entstand im Schatten grüner Pflanzen. Richard Fortey

Was trieb die Tiere in den Riesenwuchs? Es gibt verschiedene Erklärungsversuche, aber leider keine Antworten, die sich auch beweisen ließen. Volker Arzt

Abstecher ins späte Präkambrium

Gut, dass Sie sich bereits wieder angeschnallt haben! Sie haben wahrscheinlich geahnt, dass wir dem soeben erprobten Zeitmaschinen-Raumschiff, mit dem wir bereits 3,8 Milliarden Jahre tief in die Vergangenheit eingetaucht sind, auch dieses Mal unser Vertrauen schenken. Wir kontrollieren wie immer die Zielkoordinaten. Reiseziel: Urerde; Zeitziel: 560 Millionen Jahre zurück in die Vorzeit. Also, erneut Augen zu – und schon geht es los.

Unser Zieldatum ist übrigens nicht zufällig gewählt. 40 Millionen Jahre vor unserem gewählten Zeitziel wurde unser Planet von einer sehr zähen Eiszeit heimgesucht. Die in dieser erdgeschichtlichen Phase auftretende globale Eiszeit war dermaßen intensiv, dass Wissenschaftler heute vom »Schneeball Erde« sprechen. Tatsächlich erstarrte wegen der damals vorherrschenden klirrenden Kälte jegliche evolutionär-biologische Kreativität. Eine Reise in noch frühere Epochen hätte uns wenig Interessantes vor Augen führen können, ganz zu schweigen von aussagekräftigen Fossilien. Immerhin sind die ältesten bislang entdeckten versteinerten Überreste vielzelliger Lebewesen erst rund 580 Millionen Jahre alt. Hinzu kommt eine ernüchternde historische Gegebenheit: Aus dem Präkambrium, dem Erdzeitalter vor dem Kambrium, das den gesamten Zeitraum von der Entstehung der Erde (vor 4,6 Milliarden Jahren) bis zum Beginn des Kambriums (vor 542 Millionen Jahren) abdeckt, sind so gut wie keine Fossilien erhalten. In der zeitlich längsten Periode der Evolution stagnierte die irdische Biologie.

Sie können jetzt Ihre Augen wieder öffnen und gern schon einmal einen verstohlenen Blick nach unten oder oben riskieren. Wir haben nämlich dieses Mal unser Zeitmaschinen-Raumschiff ganz bewusst in die Umlaufbahn der Erde platziert, um einmal den Globus in seiner Gänze zu bewundern. Wenn Sie aus der Luke schauen, dann reiben Sie sich bitte prophylaktisch mehrfach die Augen, denn was Sie jetzt sehen, hat mit dem uns vertrauten Antlitz unseres Heimatplaneten so gut wie nichts gemein. Gewiss, die Erde funkelt auch jetzt bereits wie ein blauer Juwel, und ihre weißen Wolkendecken wirken infolge des reflektierenden Sonnenlichts wie schwebende Zuckerwatte. Aber ihre Meere und die darin eingebetteten Kontinentinseln sehen anders aus. Wo um alles in der Welt sind Afrika, Europa, Amerika und die anderen Kontinente geblieben? Ein weltumspannender Ozean scheint das Gesicht der Erde zu prägen. Fast die ganze nördliche Hemisphäre besteht aus Wasser, während sich auf der Südhalbkugel das gesamte Festland, aufgeteilt in Kontinentinseln, angesammelt hat. Keine Frage, was uns hier als riesengroße Landmasse begegnet, ist *Gondwana*, der Großkontinent des Präkambriums, aus dem sich einmal die späteren Kontinente Südamerika, Afrika, Antarktika und Australien herausschälen werden. Trotz der großräumigen Meeresüberflutungen entdecken wir noch andere isolierte Kontinentschollen wie etwa *Laurentia*, die vereinigten

Platten von Amerika, oder *Baltica*, das heutige Nordeuropa. Damals nahm es die Erde mit der Geografie nicht so genau. Die Antarktis fühlte sich am Äquator wohl, Urmitteleuropa in der Nähe des Südpols.

Letzterer interessiert uns besonders. Wir landen und schauen uns die nähere Umgebung auf jenem Erdteil an, auf dem die meisten Leser dieses Buches sehr viele Millionen Jahre später einmal das Licht der Welt erblicken werden. Unabhängig davon, wo wir hinschauen – Urmitteleuropa präsentiert sich im Landesinnern als leere, öde Landschaft, die immerhin in einem Punkt für Abwechslung sorgt: Sie ist weiter landeinwärts noch trostloser und eintöniger. Kein Tier, kein Baum, keine Pflanze, noch nicht einmal ein einzelnes Grashälmchen erfüllt diese Stein- und Sandwüste mit Leben. Bestenfalls Geologen dürften sich dort heimisch fühlen. Unsere Bodenprobe bestätigt das bereits Gesehene. Das Festland kann in puncto Sterilität dem Erdtrabanten Mond die Hand reichen. Kein Bakterium, kein Bazillus weit und breit. Wohin hat sich das Leben verkrochen, das wir hier vor 3,3 Milliarden Jahren in Gestalt von Cyanobakterien angetroffen haben?

In der Ferne sehen wir einen Fluss, der sich mühevoll durch die karge Landschaft schlängelt, ja beinahe quält, als würde er gezielt etwas zur Tristesse des Festlands beitragen wollen. Wir nähern uns seinem Ufer und nehmen eine Wasserprobe. Die Schnellanalyse gibt Hinweise auf die Aktivität von Mikroben. Aha, also doch! Das Wasser entpuppt sich einmal mehr als Quell des Lebens. Wir betreten wieder unser Zeit-Raumschiff. Bitte vergessen Sie das Anschnallen nicht! Jetzt nehmen wir uns den Urozean vor. Bereits beim Flug über die Küste fallen uns wulstige Türme auf, die aus dem flachen Wasser herausragen. Sie entpuppen sich beim genaueren Hinsehen als Stromatolithen. In und auf ihnen tummeln sich gute alte Bekannte: Cyanobakterien. Sie haben richtig gelesen. Ja, es sind die Nachkommen unserer archaischen Freunde, denen wir bereits auf unserer ersten Zeitreise begegnet sind.

Nunmehr richten wir unser Augenmerk nach unten und tauchen ein in die Tiefe. Keine Sorge, selbst wasserscheue Leser laufen bei unserer Zeitreise nicht Gefahr, nass zu werden. Dafür ist unser luft- und wasserdichtes Raumschiff, das im Augenblick in einer Tiefe von 25 Metern treibt, bestens abgeschirmt. Zunächst passiert herzlich wenig. Erst als wir uns dem Meeresboden nähern, erkennen wir steinartige Strukturen, auf und in denen Bakterien hausen könnten. Und siehe da – die nächste Analyse bestätigt, dass hier eine sehr hohe Konzentration an einzelligen Lebewesen vorhanden ist. Ab hier aber begegnen wir auf unserer Tauchfahrt nichts Interessantem mehr. Gewiss, der Urozean ist ein Hort des Lebens – allerdings nur für einfache Einzeller. Primitive Formen von Mehrzellern sind zwar vereinzelt vorhanden, überwiegend bevölkern diesen Kosmos aber nur mikroskopisch kleine Winzlinge. Es ist eine eintönige Welt, die wir als Vielzeller gern wieder verlassen. Das maritime Universum, das sich uns heutzutage als wahre Fundgrube des Lebens präsentiert und immer noch eine weitgehend unbekannte Welt darstellt, ist 560 Millionen Jahre vor unserer Zeitrechnung fast genauso öde wie das Festland. War es auf der Erde wirklich einmal so erschreckend langweilig?

Weiterreise ins frühe Kambrium

Wir empfinden eine derartige Monotonie glattweg als ausladend. Lassen Sie uns daher von diesem Ort und aus dieser Zeit schnell wieder verschwinden und eine andere Epoche besuchen. Wir programmieren den Bordcomputer neu und fliegen 25 Millionen Jahre in die Zukunft. Zugegeben, das ist ein geologisch winziger Zeitraum, den wir da voranschreiten. Was soll sich binnen dieser kurzen Zeitspanne schon Großes ereignet haben?

Der Zeiger unserer Zeituhr bleibt bei dem Jahr 535 000 001 v. Chr. stehen. Wir haben unser Ziel erreicht. Dieses Mal ignorieren wir das Festland und steuern direkt den frühzeitlichen Ozean an. Schon aus der Ferne wirkt er irgendwie viel lebendiger als noch vor wenigen Minuten bzw. vor 25 Millionen Jahren. An einigen Stellen schimmert etwas Grünliches durch. Unser Raumschiff hat sich wieder in ein U-Boot verwandelt und durchzieht verwegen einen fremden Ozean, in dem nichts mehr so ist wie vorher. Was unser Hauptbildschirm jetzt zeigt und der Blick durch die Luken bestätigt, ist frappierend, eigentlich kaum zu glauben und zu erklären. Das einstmals öde Gewässer hat sich zu einem blühenden Zentrum des Lebens gemausert. Es wimmelt hier geradezu von Leben – und zwar von vielzelligen Lebensformen, die wir jetzt mit bloßem Auge unterscheiden können. Da krabbeln Krebse auf dem Meeresboden, der von Tausendfüßlern, Ringelwürmern, Stummelfüßlern und anderen bizarr aussehenden Tieren permanent durchwühlt wird. Da gedeihen auf sandig-schlammigem Meeresboden Korallen, Algen, Muscheln, Seerosen und an Kakteen erinnernde

Schwämme in bunter Vielfalt. Wir sehen völlig verrückt geformte Lebewesen, wozu auch *Hallucigenia* zählt, ein Wurm, der zeitlupenartig auf seinen eigenen Stacheln wie ein Tausendfüßler über den marinen Boden wandert.

Lassen Sie uns auch einen Blick auf jene Küstenregion werfen, wo wir bei unserem letzten Besuch die Stromatolithen mitsamt ihren Cyanobakterien entdeckt haben. Ganz schön widerstandsfähig, diese Biester – sie sind tatsächlich immer noch da. Unmittelbar in ihrer Nähe stoßen wir ebenfalls auf ein seltsam aussehendes Geschöpf, das durch den Sand krabbelt. Aufgrund seiner eigenartigen Form und Größe sticht es sofort ins Auge. Es ist ein Trilobit, ein urzeitliches Lebewesen, das in der Paläontologie längst Kultstatus errungen hat. Unser Freund, der vor unseren Augen durchs Wasser watet, zählt zur Trilobiten-Ordnung der Redlichiida und ist ein typischer Vertreter seiner Klasse in dieser Epoche.

Solcherlei krabbengroße Kreaturen (Vorfahren der Spinnen) zählen geologisch und zoologisch zu den wichtigsten und interessantesten Tieren des Kambriums, da sie den Anfang einer wichtigen Entwicklung in der Fauna markieren. Von ihnen sind heute sage und schreibe mehr als 15 000 Arten katalogisiert. Charakteristisch für diese Gliederfüßler (Arthropoden), von denen der Letzte seiner Art etwa 250 Millionen Jahre vor unserer Zeit stirbt, ist ein harter Chitinpanzer, der sie ganz ummantelt. Als schlechte Schwimmer bevorzugen sie meist flaches Wasser, wo sie völlig ohne Hilfe von Fangwerkzeugen und Scheren auf dem Meeresboden entlangkriechen, um aus ihm kleinste Nahrungsmengen zu saugen.

Eine später folgende Trilobitenart, die Phacopiden, macht sich im Verlauf von Millionen Jahren eine Mutation zunutze und entwickelt ein differenziertes Mundwerkzeug. Doch damit nicht genug. Die Phacopiden zetteln sogar eine große evolutionäre Revolution an, die alles schlagartig verändert: das Leben, das Erleben, die Wahrnehmung und das Überleben. Mit einem Mal ist es vorbei mit dem präkambrischen Garten Eden, dem Paradies auf Urerden, in dem die längste Ära eines friedlichen Miteinanders der Erdgeschichte allen Lebensformen ein Klima gegenseitiger Toleranz beschert – ja sogar ein nonchalantes Dasein garantiert. Nach mehr als drei Milliarden Jahren, mit dem Beginn des Kambriums, endet die alleinige Regentschaft der Einzeller endgültig. Algen und Bakterien, bis dato seit Jahrmilliarden en masse im maritimen Kosmos vorhanden und stets darum bemüht, einen symbiotischen Umgang miteinander zu pflegen, werden zu Gejagten. Konnten sie im Präkambrium noch ganz im Geist des ungeschriebenen Gesetzes »leben und leben lassen« in aller Seelenruhe gemeinsam ihre Energie aus Meerwasser und Sonnenlicht extrahieren und selbstzufrieden vor sich hin dümpeln, so lauert der Tod jetzt überall. Entscheidenden Anteil daran haben die Phacopiden-Trilobiten, die sich mit einem völlig neuen Sinnesorgan einen unglaublichen evolutionären Vorteil verschaffen. Während Algen, Bakterien und Schnecken nicht sehen können, ist ihr Gegenüber mit dieser Fähigkeit gesegnet. Von allen Lebensformen, die unser Planet bisher (hoffentlich) willkommen geheißen hat, sind die Phacopiden-Trilobiten die Allerersten, die ihn mit ihren Augen bestaunen können. Erstmals sieht ein Lebewesen das Licht der Welt und den dunklen Urozean mit eigenen Augen! Die Phacopiden-Trilobiten sind die Pioniere der optischen Wahrnehmung. Dabei geizt die Evolution bei ihrer genialsten Erfindung nicht mit Ideenreichtum. Schließlich bestückt sie die Gliederfüßler mit einem Sehapparat, der sogar dem unsrigen überlegen ist: und zwar mit zwei großen, sensiblen Facettenaugen, die jeweils bis zu 15000 Einzellinsen aufweisen.

Die Trilobiten machen Gebrauch von dem gewaltigen Vorteil dieses »modernen« Sinnesorgans und nutzen es zum Leidwesen ihrer marinen Mitbewohner konsequent. Ausgerüstet mit voll funktionstüchtigen Facettenaugen, mit denen sie ihre Beute jetzt sehen und gezielt angreifen können, machen sie als erste Räuber der Erdgeschichte den Urozean unsicher. Die Trilobiten setzen eine wahre Rüstungsspirale in Gang, die naturgemäß keine Gnade und Abrüstungsverträge kennt. Binnen kurzer Zeit entwickeln nunmehr auch andere vormals wehr- und schutzlose Meeresbewohner Augen und bis dahin kaum gekannte Abwehrmechanismen wie Stacheln, Panzer, Tarnungen (Mimikry), spezielle Reizsensoren auf der Haut oder wirksame Gifte. Die Jäger indes kontern mit immer aggressiveren Fangwerkzeugen und -techniken, worauf die Gejagten mit neuen Defensivstrategien und -waffen aufwarten. Dass unter Wasser eine explosive Stimmung herrscht und von dem einstmals friedlichen Klima nicht mehr viel übrig geblieben ist, rührt von einem biologischen Urknall her, der sich Millionen Jahre zuvor im maritimen Kosmos entzündet hatte. Forscher bezeichnen diesen Urknall, der eine den Urozean durchflutende Kettenreaktion auslöste, als »kambrische Explosion«.

Notizen zur kambrischen Revolution

Sind Sie noch angeschnallt? Ja? Nun, bevor wir weiterfliegen, noch einige Worte zur »kambrischen Explosion«, die sich zu Beginn des Kambriums vor etwa 542 Millionen Jahren ereignete. Innerhalb eines geologisch kurzen Zeitraums, der sich über 10 bis maximal 20 Millionen Jahre erstreckt, entsteht scheinbar aus dem Nichts eine bis dahin noch nicht gesehene Lebens- und Formenvielfalt. Eine Vielzahl neuer Tierarten erobert das Meer, von denen jedoch knapp die Hälfte 100 Millionen Jahre später beim ersten großen Massensterben der Erdgeschichte schon wieder das Zeitliche segnet.

Während der kambrische Urknall den Planeten Erde erschüttert, setzt eine biologische Expansion ein, in deren Verlauf die Komplexität und Artenvielfalt des Lebens stark zunimmt. Auch wenn Flora und Fauna schon 30 Millionen Jahre vor dem biologischen Big Bang an Vielfalt gewannen, markiert das frühe Kambrium den irreversiblen Anfang der Mehrzeller-Ära am deutlichsten. Ab jetzt gibt es kein Zurück mehr. Das Leben entfaltet sich langfristig auf allen Ebenen zum Komplexeren hin: im Mikro- und Makrokosmos, im Wasser, zu Land und in der Luft. Wo vorher Algen und Bakterien den marinen Kosmos auf Einzellerniveau belebten und die ersten mehrzelligen Tiere – noch völlig ohne stabilisierendes inneres Skelett oder irgendwelche schützenden äußeren Hartteile – ihre Nischen besetzten, tummeln sich urplötzlich neue, weitaus höher stehende Meeresbewohner mit mehr als 100 unterschiedlichen Körperbauplänen. Einige sind – wie erwähnt – von harten Schalen umgeben, besitzen Gliedmaßen und verfügen über filigrane Fang- und Greifwerkzeuge, andere können aufgrund eines effektiven Fortbewegungsapparats schneller schwimmen und sich somit auch abgelegenere Besiedlungsräume erschließen. Viele können infolge eines empfindlichen Sehapparats nun besser jagen und sind kraft einer ausgeprägten Skelettstruktur sowie einer festen Panzerung robuster und überlebensfähiger als ihre Vorgänger.

Was sich da 542 Millionen Jahre vor unserer Zeit zugetragen hat, ist das bis heute größte und erfolgreichste biologische Experiment, das auf unserem Planeten jemals stattgefunden hat. Es war, wie der Wissenschaftsautor Volker Arzt prägnant feststellt, »eine einmalige Explosion der Erfindungen und Ideen, der Phantasie und Lust am Probieren«.

Hier stellt sich für uns natürlich die Frage, wie es zu dieser Revolution des Lebens kommen konnte? Was war die Ursache, sofern es nur eine gab? Zunächst einmal ist festzuhalten, dass die neuen Arten nicht aus dem Nichts auftauchten, sondern sich allesamt aus Vorläufern aus dem Präkambrium entwickelten, die zwar winzig klein waren, dafür aber als Überlebende der Eiszeit vor 600 Millionen Jahren ihre Widerstandsfähigkeit schon eindrucksvoll unter Beweis gestellt hatten. Obwohl die Erde damals komplett vereist war, fanden einzelne Gruppen ihre Nischen und kreierten in weit voneinander entfernten Lebensräumen völlig unterschiedliche Geschöpfe. Als sich Millionen Jahre später die Erde erwärmte, weil ein Treibhauseffekt einsetzte, kam es zu einem starken Anstieg des Meeresspiegels, woraufhin sich an den Küsten neue Lebensräume bildeten. Gefördert wurde dieser Evolutionsschub insbesondere durch eine vermehrte Freisetzung von Sauerstoff und Calciumcarbonat im Meer, die für den Aufbau der Schalen und Panzer der kambrischen Fauna unabdingbar war.

Vormarsch der grünen Pioniere

Wir verlassen mit unserer Zeitmaschine das Kambrium, weil wir der dringenden Frage nachgehen wollen, wann und warum das sterile Festland von Lebensformen erstmals dauerhaft besiedelt wurde. Wieso beschritten Flora und Fauna trotz aller Unwägbarkeiten und Risiken den steinigen Weg zum steinernen Festland? Wasser bot doch alles zum Leben: Mineralien, Sauerstoff, Lebewesen bzw. Nahrung. Um hierauf eine zufriedenstellende Antwort zu erhalten, fliegen wir mitten hinein ins mittlere Silur, in jenes Zeitalter vor (von heute aus gesehen) 444 bis 416 Millionen Jahren, als Flora und Fauna binnen eines kurzen geologischen Zeitraums den Sprung aufs Festland riskierten. Wir lassen das von einer Eiszeit und einer darauffolgenden globalen Klimaabkühlung ausgelöste große Massensterben im Ordovizium (488 bis 444 Millionen Jahre vor unserer Zeitrechnung), dem fast 50 Prozent aller Pflanzen- und Tierarten zum Opfer fielen, hinter uns.

Während des Landeanflugs erspähen wir durch das Lukenfenster überall leuchtendes Grün in verschiedensten Schattierungen. Nach der Landung betreten wir ein Land, das lebt – zumindest lebt etwas auf ihm. Farne, Moose und einige uns völlig unbekannte Pflanzen bedecken den Erdboden. So weit das Auge reicht, sehen wir grüne Landschaften, in denen ausschließlich Pflanzen den Farbton angeben. Ja, seit unserem letzten Besuch ist die vormals steinerne Wüste von grünen Inseln des Lebens überwuchert worden. Wie ist es zu dieser biologischen Okkupation gekommen?

Nun, die Vorhut dieser Invasion trat ihren Eroberungsfeldzug bereits circa 440 Millionen Jahre vor unserer Zeit an – ohne schlagkräftige Unterstützung der Fauna. Die ersten Organismen, die als Stoßtrupp den Gang ins Landesinnere wagten, waren Grünalgen und Cyanobakterien. Als Neuankömmlinge konnten sie auf ihren Erkundungen immerhin auf einen Millionen Jahre alten Erfahrungsschatz zurückgreifen. Schließlich errichteten ihre Vorfahren bereits während des Kambriums in Küstennähe erste Kolonien, wobei sie stets den Kontakt zum Wasser wahrten und tiefere Vorstöße auf fremdes felsiges Terrain tunlichst mieden. Jetzt aber, im Zeitalter des Silurs, hat sich das Blatt gewendet. Der Vormarsch der grünen Vorhut hat die Bodenverhältnisse radikal verändert und den komplexeren Pflanzen und den später folgenden Tieren den Weg zu einer erfolgreichen Besiedlung geebnet. Sie verwandelten den vormals sterilen Boden in einen nährstoffreichen und produzierten vermehrt Sauerstoff. Die Zeit unfruchtbarer Böden, mit denen sich noch nicht einmal Mikroben anfreunden konnten, ist vorbei; jetzt tummeln sich in der Erde des Silurs Kleinstlebewesen en masse. Die Saat ist ausgebracht. Angelockt von den besseren Lebensbedingungen, schlagen alle möglichen Pflanzenarten nach und nach auf dem Festland Wurzeln. Einige davon werden zwangsläufig von winzigen Milben und anderen Kleintieren begleitet, die den Pflanzen beim Abbau und der Wiederverwertung ihres abgestorbenen organischen Materials – natürlich nicht ganz selbstlos – unter die Arme greifen. Körperlich etwas größer und robuster als Milben & Co. sind die Gliederfüßler, die als Vorgänger der Rollasseln, Kugelasseln und Spinnen in einer zweiten Welle den Sprung aus dem Wasser ins Trockene gewagt haben und in der rauen Wildnis des Silurs leben, allen voran die wurmförmigen, millimetergroßen Tausendfüßler, die als erste Tiere des Festlands frische Luft *atmen*.

Apropos atmen. Wer sich damals auf das Abenteuer einließ, das Atmen an Land zu erlernen, brauchte einen langen Atem. Denn das Risiko, das Pflanzen und Tiere beim Landgang auf sich nahmen, war beträchtlich. Jahrmilliardenlang konnte die marine Flora und Fauna den benötigten Sauerstoff problemlos aus dem im Meer aufgelösten Kohlendioxid extrahieren, ohne dabei Gefahr zu laufen, den Erstickungstod zu erleiden. Doch mit dem Wechsel vom nassen ins trockene Element mussten die Organismen ihren gesamten Atmungsapparat radikal sowie möglichst effektiv und schnell umbauen. Für viele von ihnen war dieser Prozess sicherlich mit schmerz- und leidvollen Erfahrungen verbunden und endete oft tödlich – dennoch wurde aus ihm immerfort Nutzen gezogen.

Warum einige Pflanzen und Tiere aus dem Meer emigrierten und ihr Glück an Land suchten, ist bis heute rätselhaft, ja, in gewisser Weise sogar völlig widersinnig, weil die Lebewesen dabei ihr eigenes Leben und das ihrer Nachkommenschaft leichtsinnig aufs Spiel setzten. Nicht zuletzt deshalb, weil für viele Arten das irdische Paradies nicht das Festland, sondern immer noch der Urozean war. Nur dort gab es Nahrung, Sauerstoff und Feuchtigkeit in Hülle und

Fülle. Darüber hinaus garantierte das Meer immer noch den besten Schutz vor übermäßig lebensfeindlicher UV-Strahlung, Hitze und Trockenheit. Zudem konnten sich in ihm die wirbellosen maritimen Bewohner dem »gravierenden« Einfluss der Erdanziehungskraft entscheidend entziehen. Umso verwunderlicher ist es, dass sie freiwillig den Weg des größten Widerstands wählten und an Land gingen. Sehr wahrscheinlich veranlasste der zunehmend härtere Konkurrenzkampf im Meer, die sich verstärkende Jäger-Beute-Situation, viele zum Aufbruch, woran die Dominanz der räuberischen Haie und Riesenskorpione der Gattung *Brontoscorpio* erheblichen Anteil hatte. Auf jeden Fall eroberten zuerst die anpassungsfähigsten Pflanzenarten, Millionen Jahre später dann die anpassungsfähigsten Tiere die Kontinente – nicht in einer Nacht- und Nebelaktion, sondern über einen Zeitraum von 10 bis 30 Millionen Jahren.

Der wohl spektakulärste Repräsentant der höheren Tiere, der als Erster den Schritt vom Meer an Land bewältigte, war der *Ichthyostega* (»Fischschädellurch«). Ausgestattet mit vier Beinen und einer Lunge, lebte er als erster Tetrapode (»Vierfüßler«) und als erstes Landwirbeltier auf festem Terrain. Auch wenn sein Gastspiel nur kurz und wenig erfolgreich war – es währte gerade einmal zehn Millionen Jahre – reisen wir dennoch in das Zeitalter der Fische: ins frühe Devon (vor 416 bis 359 Millionen Jahren aus heutiger Sicht), um *Ichthyostega* näher kennenzulernen.

Sehen Sie das circa ein Meter lange Wesen, das da drüben im Schatten eines Baumes wie angewurzelt steht? Mit seinen kurzen Extremitäten, vier Füßen, die jeweils mit fünf Zehen bestückt sind, mit seinem massiven Rumpf und dem auffallend starren Brustkorb erinnert das fast halslose Tier ein wenig an einen überdimensionierten Salamander. Aber so richtig zuordnen lässt sich dieser Fischschädellurch, der sich aus dem Quastenflosser entwickelt hat, nicht. Gleichwohl ist er das älteste Amphibium, er hat den Spagat bewältigt, phasenweise im Wasser und zeitweise auf dem Land zu leben.

Achtung! Sehen Sie, wie er sich bewegt. Ungewöhnlich, nicht wahr? Zuerst streckt unser Freund seine Vorderbeine aus und drückt seine Brust vor, um dann mit den Hinterbeinen nachzuziehen. Diese Art der Fortbewegung ähnelt der einer Raupe und wirkt auf uns geübte Zweibeiner etwas hilflos, was allerdings auch auf alle anderen ersten Gehversuche der zahlreichen höheren Tierarten zutrifft, die auf *Ichthyostega* folgen werden. Vor einem dieser Neuankömmlinge, der laut Fossilienüberlieferung möglicherweise zeitgleich mit unserem amphibischen Freund lebt und einem gruseligen Horrorschocker entsprungen sein könnte, sollten wir auf der Hut sein. *Hibbertopterus*, so sein latinisierter Name, ist ein Gliederfüßler und gehört zur Gattung der Seeskorpione (*Eurypterida*), lebt aber sporadisch auf dem Land. Zwar erreicht er eine stolze Länge von knapp zwei und eine Breite von einem Meter, er ist dafür aber bei Weitem nicht so schnell wie seine monströsen Artverwandten aus dem Kino. Da wir mit seinen Scheren lieber keine Bekanntschaft machen wollen, begeben wir uns wieder in die Zeitmaschine und nehmen Abschied vom Devon. Am Ende dieses Zeitalters ist der Übergang zum Landleben ohnehin abgeschlossen. Wenden wir uns jetzt einem Ereignis zu, das – ausgehend vom 21. Jahrhundert – vor 65 Millionen Jahren die Welt erschütterte. Es hatte für den Untergang einer Art und für das Werden einer anderen schicksalhafte Bedeutung.

Regentschaft der Riesenechsen – Dinosaurier und Artensterben

Gestein schmilzt glasartig auf und wird hochgeschleudert. Gewaltige Feuerstürme ziehen über die Erde. Milliarden Tonnen Gesteinstrümmer, Asche, Ruß und Gase steigen in einer riesigen Rauchsäule bis in die obersten Schichten der Stratosphäre. Große Staub- und giftige Schwefelwolken umhüllen den Globus und bilden einen Wolkenteppich, der Sonnenstrahlen, Licht und Wärme abschirmt. Eisige Kälte hält Einzug. Pflanzen und Tiere sterben.

So in etwa hat es vor 65 Millionen Jahren auf unserem Planeten ausgesehen, nachdem sich ein 10 bis 14 Kilometer großer Asteroid mit einer Aufprallgeschwindigkeit von 15 Kilometern pro Sekunde in den Erdboden gebohrt hat. Alles deutet darauf hin, dass der Chicxulub-Krater in Yucatán/Mexiko jene Stelle ist, wo einst der todbringende kosmische Brocken niederging, der mit der fünfmilliardenfachen Kraft der Hiroshima-Atombombe einen 180 Kilometer langen und 10 Kilometer tiefen Krater sprengte. Der Aufprall zog gewaltige Erdbeben, massive vulkanische Aktivität und das Umkippen des gesamten Ökosystems nach sich. Drei Viertel der damals lebenden urzeitlichen Flora und Fauna verendete – unter ihnen die vielleicht spektakulärsten Kreaturen, die unseren Planeten jemals bewohnt haben: die Dinosaurier. Wie keine andere Tierart vor und nach ihnen waren sie zu den unumstrittenen Herrschern der Erdkontinente avanciert. Stolze 150 Millionen Jahre lang hatten sie das Geschehen auf dem Planeten dominiert. So überrascht es nicht, dass ihr plötzliches Aussterben auch heute noch immer Gegenstand zahlreicher Spekulationen und Publikationen ist. Mal stehen Erdbeben, Meeresspiegelschwankungen oder Vulkanismus oder alle drei Phänomene zusammen als Primärursache zur Diskussion. Andere Forscher halten mit haarsträubenden Theorien dagegen. Da ist von Bandscheibenvorfällen, Überproduktion an Hormonen, Verlust des Interesses am Sex, Konkurrenzkampf mit Raupen, seltsamen Virusinfektionen oder geheimnisvollen kosmischen Strahlen die Rede, die das Ende der Reptilienära schlagartig eingeleitet haben sollen. Manche Kreationisten führen das Aussterben von *Tyrannosaurus rex* (»König/Despot der Echsen«) und seinen Artgenossen auf die geringe Frachtkapazität der biblischen Arche Noah zurück: Noah habe damals, so deren Argumentation, aufgrund mangelnden Laderaumes auf seinem Schiff nur Landtiere und Vögel mitnehmen können, für Riesenechsen und andere Sumpftiere sei kein Platz gewesen. Doch diese pseudotheologische Exegese quittieren selbst bibelfeste Wissenschaftler nur noch mit einem müden Lächeln, sprechen doch alle Indizien für die Asteroiden- bzw. Kometentheorie.

Wäre es damals nicht zu diesem Impakt (Einschlag) gekommen und wären als Folge der Nachwirkungen dieser Katastrophe die Riesenechsen folglich nicht gezwungen gewesen, mitsamt ihren Vertretern rund um den Erdball das Feld zu räumen, wäre die Evolution des Menschen entweder mit großer Verzögerung gestartet oder (schlimmstenfalls) gar nicht zustande gekommen. Dass heute in Köln oder München keine quicklebendigen Dinosaurier in freier Wildbahn herumstreunen, könnte ein bemerkenswerter Zufall der Evolution gewesen sein. Doch schieben wir die Gründe für ihren Exitus beiseite und suchen nach den Gründen für ihre Existenz. Wie konnte die Evolution solche gigantischen Kreaturen in die Welt setzen? Und warum lebten sie so lange? Um hierauf Antworten zu bekommen, fliegen wir mit unserer Zeitmaschine in das Zeitalter der Dinosaurier und schauen uns das bunte Treiben im frühzeitlichen »Jurassic Park« aus vorsichtiger Höhe einmal näher an. Genauer gesagt führt uns unsere Reise zurück in die Übergangszeit vom Jura (vor 200 bis 146 Millionen Jahren) zur Kreidezeit (vor 146 bis 65 Millionen Jahren). Dieser Zeitabschnitt erscheint uns deshalb als gute Wahl, weil einerseits im Jura die meisten großen Saurier lebten, andererseits in der Kreidezeit die größte Vielfalt vorhanden war. Tatsächlich ist der Reichtum der Flora und Fauna, dem wir in dieser Zeit begegnen, unbeschreiblich. Nimmersattes Grün, 30 Meter hohe und höhere Bäume, dicht bewachsenes Gestrüpp, unbekannte Sträucher und Pilze, riesige Farngewächse, fremdartige Nadelhölzer und allerlei andere Pflanzen, dazwischen Tiere verschiedenster Arten bzw. aller Größen- und Gewichtsklassen, dazu ein warmes Klima – die äußeren Bedingungen für die Blütezeit der Dinosaurier sind optimal. Wie wohl sie sich fühlen, sehen wir an dem Prachtexemplar, das wir schon seit einigen Minuten auf unserem Hauptbildschirm beobachten. Auf dem vergrößerten Bild erkennen wir den vielleicht berühmtesten und zugleich größten lebenden räuberischen Vertreter aller Festlandtiere der Erdge-

schichte: *Tyrannosaurus rex* (T-rex). Ihn live und in natura zu sehen, lässt uns für einen kurzen Moment erschaudern, jagt uns aber keine nachhaltige Angst ein, da er uns nichts anhaben kann. In zahlreichen Hollywoodfilmen wurde diese gruselig aussehende Kampfmaschine zu einem pfeilschnellen und überaus erfolgreichen Jäger stilisiert. Deshalb können wir unsere Enttäuschung nicht verhehlen, als wir T-rex zufällig bei der Jagd beobachten. Anstatt der Beute wieselflink hinterherzueilen und auch auf der Langstrecke zu brillieren, so wie wir es heute von jedem guten Jäger erwarten würden, offenbart T-rex unerwartete Schwächen. Er erreicht nur eine Sprintgeschwindigkeit von maximal 50 Stundenkilometern und beendet seinen Spurt bereits nach etwa 50 Metern. Von Kondition keine Spur. Als wir dann noch einen anderen seiner Art dabei ertappen, wie er sich genüsslich über den Kadaver eines ungefähr acht Meter langen *Stegosaurus armatus* (»Dach-Echse«) hermacht, zerbröckelt das furchterregende Bild vom größten Raubsaurier aller Zeiten vollends. Dass sich der bis zu 13 Meter große und sieben Tonnen schwere König der Riesenechsen mit seinen zurückgebildeten Armen, die etwa so lang wie die eines ausgewachsenen Menschen sind, in der Rolle des Aasfressers gefällt, ist neu.

Auch wenn viele Vertreter der größten und massereichsten Landtiere, die die Erde jemals gesehen hat, schwerfällig, langsam und träge gewesen sind, war das Gros der Dinosaurier eher klein und wieselflink wie beispielsweise der nur circa 70 Kilogramm schwere *Deinonychus* (»Schreckenskralle«). Dass die Riesenechsen evolutionsbiologisch mit 450 verschiedenen Dinosauriergattungen und circa 550 Arten die erfolgreichste Spezies stellten, die unser Planet jemals beherbergen durfte, spricht für sich. Wesentlich zu ihrem Erfolg beigetragen hat ihre allgegenwärtige Präsenz. Ob auf dem Boden, im Wasser oder in der Luft – rund um den Globus hatten sie in allen Ökosystemen das uneingeschränkte Sagen. Während beispielsweise T-rex und Co. das Geschehen auf den Kontinenten völlig kontrollierten und der im Wasser lebende Fischsaurier *Ichthyosaurus* – der bis zu 15 Meter groß wurde und die größten Wirbeltieraugen (26 Zentimeter Durchmesser) hatte – ein flinker König des Meeres war, verfügten die *Pterosaurier* über die Lufthoheit. Als rekordverdächtiger Herr der Lüfte tat sich insbesondere *Quetzalcoatlus northropi* hervor, der dank einer Flügelspannweite von bis zu 13 Metern und seiner gut entwickelten Sehfähigkeit ein ausgezeichneter Segler und Jäger war. Im Gleit- und Sturzflug war er derart geübt, dass seine Beute – vornehmlich Fische – selten eine Chance hatte, seinen langen Zähnen zu entkommen.

Es gäbe noch viel zu schreiben über die Dinosaurier, die in der Evolution völlig zu Recht einen Sonderstatus genießen. Schließlich haben sie es – so sonderbar sie auch immer gewesen sein mögen – an Mannigfaltigkeit und Originalität zu keinem Zeitpunkt ihres Daseins missen lassen. Ob sie nun die rechtmäßigen Nachfahren der Vögel oder die heutigen Vögel die rechtmäßigen Nachfahren der Dinosaurier sind, wie viele Gemeinsamkeiten sie einten und Unterschiede trennten oder welche Amphibienart das erste Ei legte bzw. wer das erste Reptil auf Mutter Erde war, werden wir während unserer zeitlich begrenzten Zeitreise nicht mehr aufschlüsseln können. Selbst alle der Wissenschaft

vorliegenden Fossilien aus dieser Zeit geben darauf keine eindeutigen Antworten. Kommen wir stattdessen nochmals auf das Ende der Dinosaurier zurück, deren dramatischer Abgang neue ökologische Nischen öffnete, die andere dann besetzten. Diese anderen sind in unserem speziellen Fall die Säugetiere. Sie okkupierten jene Räume, die als Folge des letzten großen Massensterbens frei wurden. Retrospektiv gesehen konnte also die Evolution nur deshalb einen so radikal neuen Weg einschlagen, weil die Reptilien-Ära durch ein Impaktereignis so abrupt endete und eine »Massenextinktion« nach sich zog, wie Geologen und Paläontologen ein lokal großflächiges oder globales Massensterben von Flora und Fauna nennen. In der Ur- und Frühgeschichte der Erde hat es solche immer wieder gegeben. Wie die fossile Überlieferung dokumentiert, wurde unser Planet während der letzten 600 Millionen Jahre mindestens von sechs großen geologischen und biologischen Katastrophen eklatanten Ausmaßes heimgesucht, bei denen jeweils (durchschnittlich) mehr als die Hälfte aller vorhandenen Arten zugrunde ging. Und dennoch kam es stets zu der paradoxen Situation, dass die Natur langfristig gesehen aus solchen Desastern Kapital geschlagen und eine nächsthöhere, komplexere Ebene erreicht hat. Ja, es sieht fast danach aus, als hätten alle bisherigen »Massenextinktionen« einen gezielten Beitrag zum Fortschritt der Evolution geleistet und die biologische Expansion vorangetrieben.

Die Dinosaurier wurden letzten Endes von einem extraterrestrischen Eindringling getötet. Bleibt nur zu hoffen, dass uns eine solche Tragödie erspart bleibt. Wir können sie verhindern – die Dinosaurier konnten es nicht.

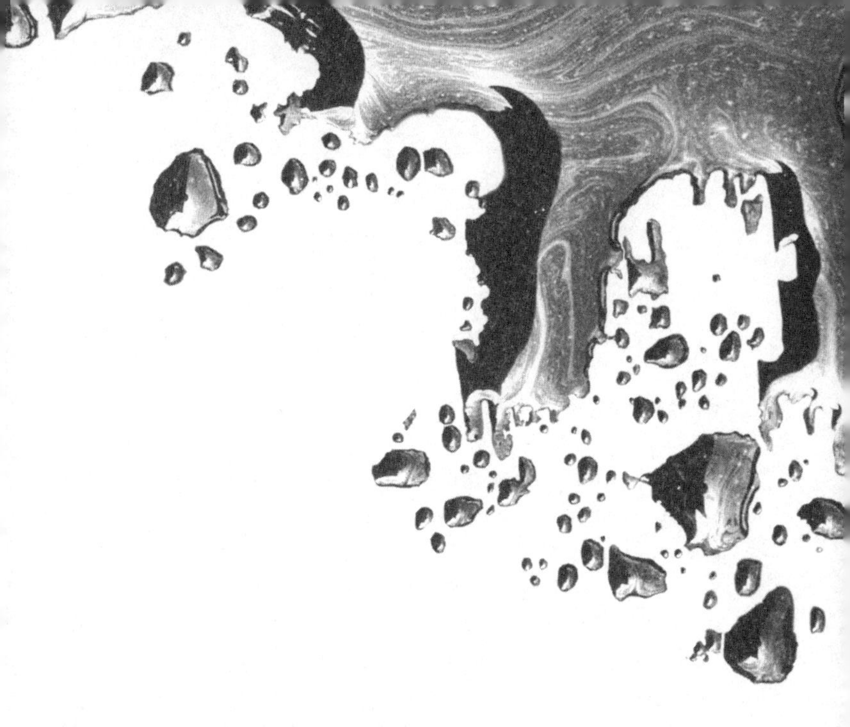

EROBERUNGSZUG DER SÄUGETIERE

Erster Säuger – letzter Menschenaffe

Es gibt viele heute lebende Säugetierarten, und jede hat eine Geschichte, die verdiente, dass man sich mit ihr befasst.

Richard Fortey

Sind Primaten schon ungewöhnliche Säugetiere, dann sind Menschen erst recht ungewöhnliche Primaten.

Donald Johnson

Recycling

Unser blauer Planet hat seit der »kambrischen Explosion« schon sehr viele Tierarten und Gattungen kommen und gehen gesehen. Das Werden und Vergehen einzelner Lebewesen, das Auftauchen und Verschwinden ganzer Tierarten oder der Massenexitus von Flora und Fauna ist eine in der Biologie verankerte Maxime, damit sich organische Vielfalt und Komplexität entfalten können. Nur weil der Tod immer wieder Raum für neue Experimentierfelder schuf und den Motor der Evolution, sprich die Mutationsfähigkeit, stetig in Gang hielt, konnten sich bestimmte Tierarten den fortwährend veränderten Umweltbedingungen besser anpassen als andere. Dabei entschieden nicht die Gene darüber, ob eine Mutation vorteilhafter Natur war. Nein, wem sie schadete oder nutzte, darüber fällte allein die Umwelt ihr Urteil. Tatsächlich schreibt das Darwin'sche Gesetz (»Survival of the Fittest« bzw. »Struggle for Life«, also »Kampf ums Dasein«), demzufolge sich scheinbar nur der Stärkere langfristig auf der Bühne des Lebens behaupten soll, nicht automatisch nur dem körperlich Stärkeren, sondern auch demjenigen bessere Überlebenschancen zu, der schlichtweg cleverer ist als sein Rivale und sich zudem mit seiner Umwelt besser arrangieren kann. Wer von seinen Vorfahren nicht mit dem nötigen Rüstzeug ausgestattet wurde, um Mutter Natur die Stirn zu bieten, blieb in der Regel auf der Strecke. Zu guter Letzt leistete aber jede Tierart, die irgendwann das Zeitliche segnete, für den Fortgang der Evolution – freilich unbeabsichtigt – einen wichtigen Beitrag. Starb eine solche aus, setzte zum Wohl späterer Generationen ein gewaltiger Recycling-Prozess ein. Alle Atome und Moleküle, die vormals das (im Zuge des Urknalls entstandene) Material für die Biologie besagter Lebensform zur Verfügung gestellt hatten, ordneten sich wieder in den evolutionären Kreislauf des Werdens und Vergehens ein. Aus Altem entsprang Neues.

Die Stunde der spitzbübischen Spitzmaus

Von diesem Schicksal heimgesucht werden 65 Millionen Jahre vor unserer Zeit die Dinosaurier, die nach dem Einschlag eines Meteors binnen mehrerer Hunderttausend Jahre völlig von der Bildfläche verschwinden. Als Kaltblüter, die aufgrund einer fehlenden selbstregulierbaren Körpertemperatur hilflos und passiv den Umweltbedingungen sowie den wechselhaften Temperaturen ihrer Epoche ausgesetzt und unterworfen sind, müssen sie am Ende der Kreidezeit dem Klimakollaps Tribut zollen. Von ihrem Niedergang profitieren hauptsächlich jene Zeitgenossen, die über eine eigene konstante Körperwärme verfügen und es verstehen, sich physisch von ihrer Umwelt abzugrenzen. Mit der Fähigkeit, aktiv eine gleichbleibende Temperatur zwischen 36 und 39 Grad Celsius aufrechtzuerhalten, machen sich zuallererst die Homoiothermen (Warmblüter), also Vögel und die ersten Säugetiere auf Mutter Erde, von der Umwelt weitgehend unabhängig. »Es war, als ob es [das Leben] sich geweigert hätte, von jetzt ab alle Veränderungen seiner Umwelt weiterhin einfach passiv über sich ergehen zu lassen«, konstatiert der Wissenschaftsautor Hoimar von Ditfurth (1921–1989).

Einer der ersten anhand von Fossilienfunden nachweisbaren »Verweigerer« zieht schon 135 Millionen Jahre vor dem großen Dinosauriersterben aus dieser Misere seine Konsequenzen. Nicht mehr länger gewillt, sich dem Diktat des Klimas zu unterwerfen, geht *Megazostrodon,* der älteste Vertreter der Säugetiere (Mammalia) beziehungsweise säugerähnlichen Tiere (Mammaliaformes), einen eigenen Weg. Im Aussehen eher einer heutigen Spitzmaus ähnlich, verlegt der rund zehn Zentimeter lange und 30 Gramm schwere warmblütige Säuger seinen Arbeitstag in die Nacht. Dies aus gutem Grund, kann er doch auf diese Weise bei der Jagd nach seiner Lieblingsspeise – die vornehmlich aus kleinen Insekten und Aas besteht – den zu seiner Zeit, im frühen Jura, dominierenden Reptilien am besten aus dem Weg gehen. Sehen und nicht gesehen werden, sich außerhalb der Sicht- und Reichweite der fleischfressenden Riesenechsen aufhalten – das ist *Megazostrodons* Lebensphilosophie sowie strategisch bewährte Taktik. Alle anderen nagerähnlichen Säugetier-Pioniere dieses Zeitalters eifern diesem Prinzip nach. Auch sie müssen wie *Megazostrodon* aufgrund ihrer geringen Körpergröße am Tag fast permanent in den reichlich vorhandenen Farngewächsen und Bäumen Zuflucht suchen, da immer irgendwo ein plump vorbeistampfender

Sauropode den urzeitlichen Urwald unsicher macht. Dabei laufen sie stets Gefahr, in den mächtigen Fußstapfen eines dieser Giganten zu enden.

Tagsüber angstvoll Schutz suchend, nachts dafür extrem aktiv – die ersten Säugetiere der Evolution sind arbeitsame Nachteulen par excellence. Während die im wahrsten Sinne des Wortes »kaltblütigen« Reptilienriesen mitsamt ihren kleineren Vertretern in den bitterkalten Nächten der Jura- und Kreidezeit regelmäßig in einen Tiefschlaf fallen und starr wie monumentale Skulpturen herumstehen, schlägt die Stunde des spitzbübischen spitzmausähnlichen Geschöpfs. Ganz im Gegensatz zu ihren eierlegenden Zeitgenossen, die immer passiv die jeweilige Temperatur ihrer Umgebung annehmen, kann ihnen die Kälte der Nacht wenig anhaben. Als Warmblüter sind sie von Außentemperaturen unabhängig. Auf ihren nächtlichen Wanderungen leisten sie sich sogar die Unverfrorenheit, in den Nestern der schlafenden Dinosaurier nach wohlschmeckenden Eiern zu wühlen.

Die Säugetiere beerben die Riesenechsen

Warmblütig zu sein, bedeutet aber nicht für jede Art einen Überlebensvorteil. Um den Verbrennungsmotor am Laufen und die Körpertemperatur auf einem gesunden Niveau zu halten, muss jeder Säuger vergleichsweise viel Energie investieren. Wer nicht ausreichend Nahrung findet, muss um den Fortbestand seiner Art bangen. Andere sterben, weil sie ihre Qualitäten als Säugetiere nicht richtig ausspielen können, zu diesen gehören auch die uralten Herrscher der Lüfte:

die Flugsaurier. Als erste fliegende Wirbeltiere, die desgleichen Warmblüter sind, erleiden sie nach 165 Millionen Jahren Lufthoheit einen tödlichen Absturz wie der sagenumwobene Ikarus. Keiner der Flugsaurier überlebt das große Massensterben an der Wende von der Kreidezeit zum Paläogen (65–23 Millionen Jahre v. Chr.). Was den Anfang vom Ende der Dinosaurier markiert, leitet für die Säugetiere vielmehr den Anfang vom Anfang ein. Unter den 90 Prozent der an Land lebenden Arten, die dem Meteoreinschlag und seinen Folgen zum Opfer fallen, sind kaum Säugetiere, unter den überlebenden zehn Prozent hingegen auffallend viele. Sieht man einmal von den Süßwasserbewohnern ab, von denen nur zehn Prozent zugrunde gehen – das Wasser wirkt hier gegen die Brände und Hitze wie ein Schutzwall –, avanciert der Überlebenskünstler Säugetier zunächst einmal zu den Nachlassverwaltern der Dinosaurier, bis er später selbst das ganze Erbe übernimmt. Aus der zunehmend von Dinosauriern befreiten Umwelt auf dem Land ziehen die nachtaktiven warmblütigen, mit vier Beinen bestückten Nachfolger von *Megazostrodon & Co.* am konsequentesten Nutzen. Futter ist reichlich vorhanden, was den Insekten und anderen Kleintieren zu verdanken ist, die sich dem Massensterben auf unerklärliche Weise entzogen haben. Jahrmillionenlang üben sich die Säugetiere in Zurückhaltung und überlassen anderen Tieren die Regie, wie etwa den Vögeln, die als die direkten Nachfolger der Dinosaurier gelten müssen. Doch irgendwann legen die Säuger langsam an Größe und Arten zu, bis es im beginnenden Eozän – aus heutiger Sicht vor circa 54 Millionen Jahren – zu einer wahren Invasion kommt, die in der Geschichte der Säugetiere die dramatischste und folgenschwerste sein sollte. Ihr geht eine zoologische Explosion voraus, die den Raum des Eozäns erschüttert. Als ihr Nachhall verklingt, haben die unterschiedlichsten Säugetierarten selbigen erobert – zu Land und zu Wasser. Selbst die Fledermäuse, bei Weitem nicht die Herrn der Lüfte, folgen dem Flügelschlag der Vögel und erlernen das Fliegen.

Die Säugetiere treten nun endgültig das Erbe der Riesenechsen an. Das erfolgreiche Modell *Tyrannosaurus & Co.* ist nur noch Vergangenheit, die reptilischen Erblasser sind nur noch Geschichte. Nunmehr experimentiert die Natur von Neuem und bringt warmblütige Lebensformen hervor, deren körperliche Ausmaße beinahe die Grenze des lächerlich Grotesken, bisweilen sogar des Horrormäßigen erreichen. Meerschweinchen, so groß wie heutige Nashörner, Urpferdchen klein wie Füchse, flugunfähige, fleischfressende drei Meter hohe Laufvögel, Riesenschlangen und auf zwei Beinen laufende Säugetiere oder vier Meter lange Krokodile – die Bandbreite der altertümlichen Exoten ist ebenso bizarr wie beeindruckend. Übertroffen wird dieses Horrorkabinett nur noch von Unmengen geflügelter Riesenameisen der Art *Formicium giganteum.* Mit einer Flügelspannweite von bis zu 16 Zentimetern und einem sieben Zentimeter langen Körper bieten sie sicherlich einen schauerlichen Anblick, vor allem dann, wenn sie zu Tausenden zum Flug ansetzen und wie eine riesige, bedrohliche Regenwolke den Himmel verdunkeln. Aber diese und viele andere physisch zu groß geratenen Lebensformen entpuppen sich – 40 Millionen Jahre vor Christi Geburt – nur als kurzes Intermezzo der Erdgeschichte. Letztendlich gewährt ihnen die Natur keinen Kredit und beendet den Versuch. Sie überlässt fortan den

»normalgewichtigen« Landbewohnern und in puncto Größe eher durchschnittlichen Säugetieren das Feld, auf dem schon seit einigen Millionen Jahren blühende Graslandschaften wachsen, die wiederum zahlreichen späteren Warmblütern, die noch kommen werden, vornehmlich Wiederkäuern, Pferden, Elefanten und Beuteltieren, das Überleben garantieren. In den Genuss appetitlicher Gräser, die überdies schnell wieder nachwachsen und somit praktisch eine unerschöpfliche Nahrungsquelle bieten, sind selbst pflanzenfressende Dinosaurier nicht gekommen. Einige frustrierte Landbewohner und nimmersatte Fleischfresser erkennen ihr Versagen und kehren zu ihren marinen Wurzeln zurück. Später tauchen sie wieder auf – als größte Meeressäugetiere des Planeten, als Wale, oder schlichtweg als Seekühe oder Delfine. *Carcharodon megalodon* hingegen, ein riesiger, 25 Meter langer Urhai, ist gleich seinem Element treu geblieben und besetzt als aquatischer Ureinwohner jene frei gewordenen Nischen, die die ausgestorbenen Meeressaurier hinterlassen haben.

Dass heute auf der Erde mehr als 4600 Säugerarten leben, die in über 1100 Gattungen und 136 Familien klassifiziert sind (wir ersparen Ihnen hier eine detaillierte Aufzählung), ist auf bestimmte Charakteristika zurückzuführen, die Säugetiere zu dem machen, was sie sind: extrem anpassungsfähige Überlebenskünstler.

Zugute kommt den Säugetieren sicherlich der anatomische Umstand, dass sich ihr Nahrungsspektrum im Eozän dank eines stark optimierten Kauapparats radikal vergrößert. Fortan können sie kraft ihrer neuen Backenzähne, die nunmehr zusätzliche Höcker aufweisen, Früchte, Knollen, Äste, Blätter oder Wurzeln problemlos zerkauen. Geradezu genial ist ferner die Verlagerung des Ovulums in den Mutterleib. Anstatt den Erfolg der Aufzucht des Nachwuchses von freiliegenden, ungeschützten Eiern abhängig zu machen und der diebischen Konkurrenz somit Tür und Tor zu öffnen, platziert die Natur das heranreifende befruchtete Ei in den Körper des Säugetiers, wo es vor Kälte, Hitze und übermäßiger Strahlung geschützt ist. Desgleichen einfallsreich erweist sich die Natur, als sie die Ernährung des Nachwuchses mittels Milchdrüsen etabliert. Dank der Versorgung mit muttereigener Milch erhält eine ganze Klasse von Wirbeltieren ihren signifikanten Namen. Neben vielen anderen Merkmalen, die das Gros aller Säugetiere teilt, kommt der Behaarung eine besondere Rolle zu. Das Fellkleid reguliert die Körpertemperatur und schützt vor Kälte sowie vor warmem Wetter. Manchmal dient speziell gefärbtes Haar der Tarnung oder dem besseren Erkennen geschlechtsspezifischer Unterschiede. Hin und wieder hält das Fell seinem Träger unliebsame Feinde vom Leib, wie wir es heute von Igeln kennen, oder unterstützt – etwa aufgestellt, wie es bei Katzen zu beobachten ist – schlichtweg die Kommunikation.

Exkurs: Kontinente auf Wanderschaft

Um zu verstehen, warum Forscher heute rund um den Globus (und nicht allein auf einem Erdteil) Fossilien von Dinosauriern finden, müssen wir nochmals einen kurzen Blick auf die Geschichte der Wanderung der Kontinente werfen. Dass sich das Leben seit der Geburt der ersten Mikrobe bis

heute in seiner ausgeprägten Vielfalt, erstaunlichen Komplexität und wunderbaren Kreativität auf unserem Heimatplaneten derart dynamisch vermehren konnte, ist auch das direkte Resultat plattentektonischer Abläufe. Als nämlich im Perm (vor 299 bis 251 Millionen Jahren) die Erdteile, aus denen später Nord- und Südamerika, Eurasien, Antarktis, Australien und Afrika entstehen sollten, zum Superkontinent *Pangäa* verschmolzen, kam es das letzte Mal in der Erdgeschichte zu einem regen Austausch der Fauna. Wer die Energie aufbrachte, konnte auf dem Superkontinent umherziehen und die Verbreitung seiner Art vorantreiben. Gleichwohl beschränkte sich ab dem Zeitalter des Mittleren Eozäns (50 Millionen Jahren vor unserer Zeit) zwangsläufig jegliche Mobilität der Tierwelt wieder auf den eigenen Kontinent, waren doch schon Jahrmillionen zuvor die Erdteile wieder auseinandergedriftet. Wie eine riesige Arche Noah, bepackt mit einem unglaublichen Schatz an Flora und Fauna, hatte dabei jeder Kontinent einen anderen Kurs angesteuert und war zugleich einem ungewissen Schicksal entgegengedriftet. Von den breiten Ozeanen, die sich zwischen den Kontinenten auftaten, und dem veränderten Klima ließen sich aber weder Flora noch Fauna sonderlich beeindrucken. Noch weniger die Säugetiere, die die neue Isolation dazu nutzten, sich auf allen Ebenen und in allen Nischen stark zu vermehren, um ihrer Heimat ein Gesicht zu geben. Der heutige australische Kontinent mit seiner einzigartigen und vielfältigen Tier- und Pflanzenwelt – allen voran seinen 60 Känguru-Arten oder possierlichen Koala-Bären – führt uns die Folgen dieser Entwicklung sehr plastisch vor Augen.

Vom frühen Primaten zum Menschenaffen

Als vor circa 500 Millionen Jahren die ersten Landorganismen, vor ungefähr 390 Millionen Jahren die ersten Amphibien, vor schätzungsweise 340 Millionen Jahren die ersten Reptilien und vor 250 Millionen Jahren die Dinosaurier entstanden und mit ihnen die ersten Säugetiere in Erscheinung traten, lag die Geburt des ersten Primaten zeitlich noch in weiter Ferne. Nichts sprach dafür, dass es ihn einmal geben würde. Und dennoch tauchte der Erste seiner Art vor 54 Millionen Jahren unvermutet auf. Seine Wurzeln reichen sogar bis in die Kreidezeit zurück, wo sein erster direkter Verwandter, noch der ursprünglichen Säugetierordnung der Insektenfresser (*Insectivora)* zugehörig, zu finden ist. Besagte Ordnung erwies sich als wahrer Genpool. Aus ihr erwuchsen fünf neue Ordnungen: die »modernen« Insektenfresser, die Spitzhörnchen, die Fledermäuse, die Riesengleiter und schließlich die Primaten, die sich vor 80 Millionen Jahren von den ursprünglichen Insektenfressern abspalteten und Jahrmillionen später erstmals in Erscheinung traten.

Die Primaten, eine der 18 lebenden Säugetierordnungen, gliedern sich in zwei Unterordnungen auf: in Halbaffen (*Prosimiae*), deren älteste ausgegrabene fossile Überreste immerhin das stolze Alter von (bis zu) 54 Millionen Jahren aufweisen, und in die »eigentlichen« Affen (*Anthropoidea*), die höheren Primaten aus dem Zeitalter des Oligozäns (37 bis 23 Millionen Jahre vor unserer Zeit). Molekulargenetische Untersuchungen haben ergeben, dass die *Anthropoidea* sich bereits vor mehr als sieben Millionen Jahren von den Halbaffen getrennt haben und jeweils eigene evolutionäre Wege gegangen sind. Forscher datieren die bislang ältesten Fundstücke dieser Teilordnung auf 23 bis 33 Millionen Jahre zurück.

Fast sämtliche höheren Primaten sind Allesfresser, verfügen über fünf Finger an den Händen und ein hoch organisiertes Gehirn, das eine bessere Kommunikation erlaubt und dem sozialen Miteinander – Primaten sind grundsätzlich gesellige Lebewesen und keine Einzelgänger – bestimmt nicht abträglich gewesen ist. In der äußerst unübersichtlichen Welt der Primaten sind mehr als 230 Arten zu Hause – Tendenz steigend, da längst noch nicht alle davon entdeckt sind. Hier nun sämtliche Exemplare aufzuführen würde aber genauso wenig Sinn machen wie eine komplette lineare Darlegung der menschlichen Entwicklungsgeschichte, die eigentlich bei dem ersten DNA-Molekül anfangen und frühestens beim *Homo sapiens* enden müsste. Gewiss, jeder Primat und jedes Tier, das unseren Planeten jemals mit seinem Leben bereichert hat und immer noch bereichert, hätte es verdient, wenigstens namentlich erwähnt zu werden. Doch ein solch aussichtsloses Unterfangen wäre sogar für König Sisyphos des Guten zu viel gewesen. Wenn wir dennoch aus unserer imaginären Menagerie einen Primaten herausgreifen und diesen näher vorstellen, geschieht dies aus gutem Grund. Denn bei diesem handelt es sich um keinen Geringeren als *Pierolapithecus catalaunicus*, von dem im Jahr 2003 Knochenreste in der Nähe von Barcelona gefunden wurden und der in der Fachwelt Furore machte. Sollten Sie noch nie von ihm gehört haben, befinden Sie sich trotzdem nicht in schlechter Gesellschaft, denn wir kannten seinen genauen Namen bis vor Kurzem ebenso wenig.

Auf jeden Fall ist *Pierolapithecus catalaunicus* der älteste bekannte Vorfahr aller Menschenaffen (*Hominidae*) und weist sogar viele der für die modernen Menschenaffen typischen Körpermerkmale auf. Erste Botschafter seiner Art erkundeten den damaligen afrikanischen Kontinent bereits vor etwa 14 Millionen Jahren und beehrten sogar Europa zu einem Zeitpunkt mit einer Visite, als sich die Linien der großen, respektive modernen Menschenaffen, wozu neben dem Menschen die Orang-Utans, Schimpansen und Gorillas zählen, von den kleinen Menschenaffen trennten. Und der erste Vertreter der Menschenaffen nach dieser Abtrennung war eben *Pierolapithecus catalaunicus.*

Etwa so groß wie ein Schimpanse, verfügte der 35 Kilogramm schwere Menschenaffe über eine versteifte, sehr kräftige Lendenwirbelsäule und einen flachen Brustkorb. Seine kurzen Finger und Zehen waren zwar noch nicht so ausgereift wie bei den späteren Menschenaffen, dennoch machten sie ihn zu einem guten Kletterer. Anatomisch war er sogar in der Lage, aufrecht zu gehen. Phasenweise wird er es auch getan haben, so die Vermutung vieler Primatenforscher.

Natürlich schwebt bei allem die Frage im Raum, aus welcher Menschenaffenart sich der Zweig der Hominiden gebildet hat: Wer war der direkte Vorfahr der Frühmenschen, welche Art schlägt als »Missing Link« die Brücke vom Menschenaffen zum Frühhominiden? Einen solchen muss es doch gegeben haben. Und wer war ferner der gemeinsame Vorfahr der Menschen und Menschenaffen? Fragen über Fragen, auf die es keine wissenschaftlich fundierte Antwort gibt, weil die fossilen Quellen hierzu bislang schweigen. Ein

Vertreter der *Hominidae* in Gestalt eines Gorillas wird ebenso wenig der gemeinsame Vorfahr gewesen sein, da sich in der Entwicklungslinie Gorilla und Mensch schon vor zehn bis elf Millionen Jahren voneinander lösten. *Proconsul*, der während des frühen und mittleren Miozäns (vor 23 bis 14 Millionen Jahren) in Afrika lebte und aufgrund seines großen Schädels und fehlenden Tierschwanzes sowie seiner langen oberen Gliedmaßen lange Zeit als Missing Link gehandelt wurde, kommt nach Ansicht vieler Primatenforscher ebenfalls nicht in Betracht. Das Gleiche gilt für den Schimpansen (*Pan*), den populärsten Menschenaffen. Obwohl 98,7 Prozent unserer genetischen Information mit ihm übereinstimmen, sind die äußeren Unterschiede kaum zu übersehen, was nicht zuletzt bei der Anzahl der Gene offen zutage tritt: Beim Menschenaffen sind es 48 Chromosomen, beim Menschen »nur« 46. Da diese Art in puncto Erbgutanalyse von allen anderen Menschenaffen der uns nächste Verwandte ist, gehen Biologen mehrheitlich davon aus, dass Mensch und Schimpanse einen gemeinsamen Vorfahren haben. Er muss vor ungefähr sieben Millionen Jahren gelebt haben, kurz bevor sich beide Arten voneinander lösten und völlig unterschiedliche Wege gingen.

Ein großer Vorteil unserer Art vollendet sich darin, dass wir die Spuren aus der Vergangenheit lesen und deuten können, die die Menschenaffen hinterlassen haben. Und wir gehen dies mit gewissenhafter Methodik an. So wissen wir dank neuester archäologischer Funde (von 2007) beispielsweise, dass der Schimpanse tatsächlich vor mindestens 4300 Jahren in der Lage gewesen ist, mit Steinwerkzeugen Nüsse zu knacken. Erstaunlich, nicht wahr? Was wäre wohl gewesen, wenn er einige Millionen Jahre früher diese Technik beherrscht und permanent weiterentwickelt hätte? Würden dann er und seine Nachfahren heute an unserer Stelle in Häusern sitzen und Bücher lesen oder sogar eines schreiben, womöglich eines über das Werden und Vergehen allen Seins?

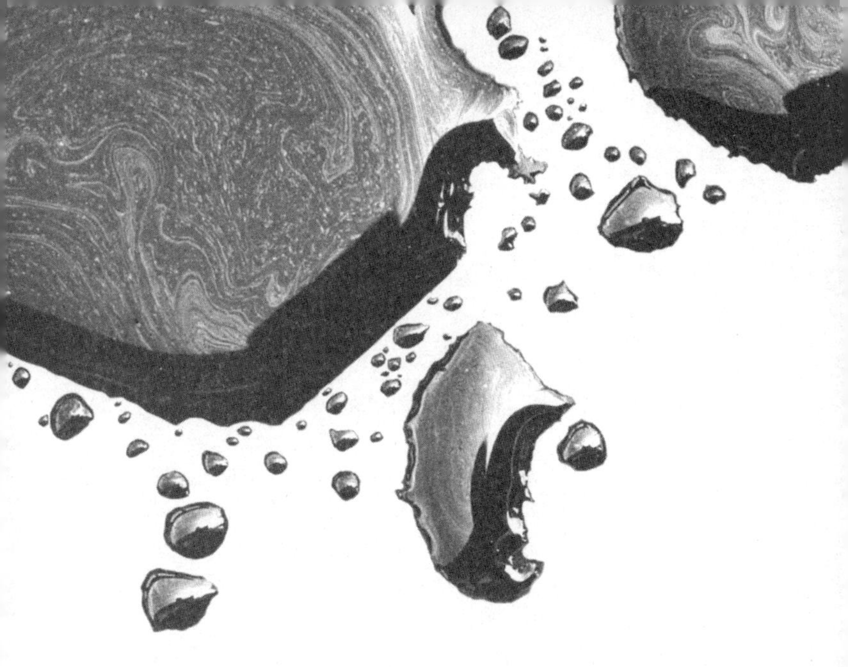

PROJEKT MENSCHWERDUNG

Vom Frühhominiden zum *Homo neanderthalensis*

Der Beginn der Menschwerdung war nicht das große Gehirn, sondern der aufrechte Gang. Friedemann Schrenk

Das eigentliche Studium der Menschheit ist der Mensch.
Johann Wolfgang von Goethe

Der Schritt zum aufrechten Gang

Mühsam schleppen sich die drei affenartigen Wesen über den mit einer frischen Ascheschicht bedeckten Savannenboden. Die vor wenigen Stunden unter großer Anstrengung gefundenen Reste von Wildfleisch lasten schwer auf ihren Schultern, auf die die Sonne mit erbarmungsloser Intensität herabbrennt. Ihre Kehlen sind ausgetrocknet, Schweiß perlt unablässig von ihrer dunkel pigmentierten Haut. Jeder Schritt ist ihnen eine Qual und wird von schwerem Keuchen begleitet. Aber die Aussicht auf eine kühle Wasserquelle und ein sich anschließendes schmackhaftes Mahl lässt die drei ausgezehrten affenähnlichen Gestalten alle Strapazen in Kauf nehmen. Ihre Hände halten das erbeutete Aas fest umklammert. Den Blick nach vorn gerichtet, wo die Schatten spendende kühle Höhle nicht mehr fern ist, waten sie mechanisch durch die feuchte Vulkanasche, ohne auch nur im Geringsten zu ahnen, dass die von ihnen hinterlassenen Fußspuren einmal Fossilien von welthistorischer Bedeutung sein werden.

Ein paar Millionen Jahre später bekommt der US-Geochemiker Paul Abell bei Laetoli im heutigen Tansania (Afrika) die Fußabdrücke der drei urzeitlichen Gestalten als erster *Homo sapiens sapiens* (also als Erster der heute lebenden Art der Menschen) in natura zu Gesicht. Bei Ausgrabungen im Jahr 1978 stößt er auf eine 27 Meter lange Fährte mit 69 Hominiden-Fußabdrücken, die sich aus einer Folge von kleineren und größeren Spuren zusammensetzt. Deren genauere Analyse präsentiert ihm folgendes urzeitliches Szenarium: Von Süden nach Norden ziehend, stolzierten dort vor Urzeiten kurz nach dem Ausbruch eines nahe gelegenen Vulkans drei Lebewesen mit einer durchschnittlichen Geschwindigkeit von etwa einem Meter pro Sekunde durch den Ascheschlamm. Ungefähr auf der Hälfte der vorgefundenen fossilierten Wegstrecke blieben sie aus einem unbekannten Grund für einen kurzen Moment stehen und blickten gen Westen, um kurz darauf ihren Marsch zielstrebig fortzusetzen.

Dass es sich bei diesen Abdrücken um die bislang ältesten Fußspuren einer Hominidenart handelt, die den aufrechten Gang beherrschte, belegen die Vertiefungen in der Asche, die eine stark eingedrückte Ferse und einen großen Zeh zeigen, der fast geradlinig in einer Reihe mit den anderen Zehen steht, also nicht wie bei den vierbeinigen Vertretern der Affenfamilie abgespreizt ist. Nach einer gründlichen radiometrischen Untersuchung des Vulkangesteins kristallisierte sich tatsächlich heraus, dass die Fußspuren ein Alter von sage und schreibe 3,6 Millionen Jahren aufweisen. Schon lange bevor sich im Zuge der Menschwerdung das Gehirnvolumen vergrößerte und die ersten Werkzeuge angefertigt wurden, hatten dereinst Vormenschen die Vorzüge des aufrechten Gangs entdeckt.

Kein Wunder also, dass heute, 3,6 Millionen Jahre später, der Fundstelle von Laetoli in den Annalen der Paläoanthropologie, der Wissenschaft der Menschwerdung, die den Ursprung, die Entstehungsgeschichte und Entwicklung des Menschen untersucht, ein ganzes Kapitel gewidmet ist, nicht zuletzt deshalb, weil in dieser Region noch zehntausend andere Abdrücke gefunden wurden, die von den unterschiedlichsten Wirbeltieren dieses Zeitalters stammen. Sie überdauerten die Jahrmillionen ebenso unbeschadet wie das Oberkieferfragment mit zwei Zähnen und der isolierte Schneidezahn, die der deutsche Ethnologe Ludwig Kohl-Larsen bereits 1939 in Laetoli gefunden hatte. 1974 erweiterte sich der Katalog der aufgespürten Fossilienknochen frühhominider Herkunft um 30 weitere Exemplare sowie um einige Schädelfragmente. Die morphologische Analyse und Datierung dieser Verknöcherungen, aber auch die geologische Untersuchung der Sedimentschicht korrespondieren mit den Ergebnissen der Fußabdrücke von Laetoli. Allesamt sind sie circa 3,6 Millionen Jahre alt, stammen somit aus einer Zeit, als der *Australopithecus afarensis* in Ostafrika seine Blütezeit erlebte. Just diese Art tauchte vor vier Millionen Jahren aus dem Dunkel der Geschichte auf und beherrschte am längsten von allen Hominiden den Schwarzen Kontinent, erlernte den aufrechten Gang, bis sie vor drei Millionen Jahren wieder im Dunkel der Geschichte verschwand – so wie Lucy, die bekannteste Vertreterin dieser Art, deren Überreste 1974 aus dem Sedimentboden in Hadar bei Äthiopien befreit wurden und mit ihnen handfeste Indizien, die die These vom aufrechten Gang des *Australopithecus afarensis* bestätigen. Die vorliegenden Knochenfragmente und Fußspuren ergeben zusammen ein schlüssiges Gesamtbild: Lucy – zum Zeitpunkt ihres Todes nur 105 Zentimeter groß, aber immerhin 25 Jahre alt – und ihre Artgenossen vollendeten als Frühhominiden den unumkehrbaren Sprung vom Vierbeiner zum Zweibeiner. Äußerlich zwar noch nicht ganz menschlich, was vor allem am affenähnlichen Schädel liegt, anatomisch aber keineswegs affenartig, weil der Bau ihrer Extremitäten sich nur geringfügig von dem des modernen Menschen unterscheidet, verfielen sie phasenweise in alte Gewohnheiten und zweckentfremdeten ihre Hände wiederholt zum Klettern; die meiste Zeit jedoch gingen und liefen sie per pedes – immer häufiger und immer länger … und später nur noch.

Doch die unmittelbaren Folgen dieses Lernprozesses bewirkten vorerst keinen direkten Selektionsvorteil, da die Fähigkeiten des Gehens und Stehens in den urzeitlichen dicht bewachsenen tropischen Wäldern nicht rundweg zum Tragen kamen. Spätestens im Miozän, vor zehn bis fünf Millionen Jahren, als die tropischen Wälder durch eine Klimaabkühlung schrumpften und der Frühmensch seine Nischen in Waldrandgebieten bzw. in der Savanne suchte und fand, offenbarten sich die Vorteile der neuen zweibeinigen Lebensweise vollends. Fortan nutzten die *Australopithecinen* das volle Potenzial ihres Gehapparats – sie lernten, weite Savannengebiete stehend zu überblicken, schneller und länger zu laufen und ihre Kinder oder Beute eigenhändig zu tragen.

Als sich die Schimpansen und Gorillas in die feuchten Regenwälder westlich des großen Grabenbruchs zurückzogen, der Ostafrika nordsüdlich durchzieht, verschlug es die ersten Hominiden gen Osten, wo sich allmählich immer mehr Savannen und baumarme Grasflächen ausbreiteten.

In dieser trockenen, aber zugleich tektonisch und vulkanisch sehr aktiven Region fassten die (mindestens) sechs Arten der *Australopithecinen* im wahrsten Sinne des Wortes Fuß und entwickelten ihre läuferischen Qualitäten weiter. Die neu gewonnene Mobilität änderte aber nichts an ihrer grundsätzlichen Sesshaftigkeit. Afrika verließen sie zu keinem Zeitpunkt. Der aufrechte Gang führte auch zu keiner Vergrößerung des Gehirns. Vor schätzungsweise einer Million Jahren endete ihre Linie. Sie starben aus – blieben sich aber in einem Punkt treu: Zu keinem Zeitpunkt entwickelten sie Steinwerkzeuge oder irgendeine wie auch immer geartete Form von Kunst.

Spätere Hominidenarten verstanden es, ihre Gliedmaßen für filigrane Arbeiten und kontrollierte Bewegungen gezielter einzusetzen, weil sie ihre Daumen unabhängig von den Fingern bewegen konnten. Ihre Hände wurden zu einem effizienten Instrument, das bald effektive Werkzeuge herzustellen vermochte. Während sich die »Halbbrüder« Lucys, sprich die Affen, Halbaffen und Menschenaffen, weiterhin vornehmlich in Zentral- und Westafrika auf allen vieren von Ast zu Ast hangelten, perfektionierten indes viele andere Hominidenarten zeitgleich, aber unabhängig von den *Australopithecinen* ihren Gehapparat. Die biologische Evolution half mit ihrem Schritt zum aufrechten Gang insbesondere dem Frühmenschen auf die Sprünge und machte dabei selbst einen gigantischen Sprung nach vorn.

Ein verzwickter Stammbaum

Noch bis Anfang der 1980er-Jahre schien der archaische Stammbaum der Menschheitsgeschichte fest verwurzelt auf gesichertem Terrain zu stehen. Jeder seiner Äste war den Forschern bestens vertraut. Neue Zweige des Stammbaums konnten aufgrund der schmalen Basis an Knochenfunden seinerzeit nicht nachwachsen. Der alte Stammbaum überzeugte durch seine Übersichtlichkeit. Ihm zufolge vollzog sich die Evolution vom Primaten über den Hominiden bis hin zum Menschen der Gegenwart höchst geradlinig, ohne dass mehrere verschiedene Arten gleichzeitig dieselbe ökologische Nische besetzten und somit koexistierten. Jeder geistige und körperliche Fortschritt spielte sich innerhalb einer einzigen Hauptentwicklungslinie ab, jeder Schritt auf die nächsthöhere Ebene erfolgte stufenweise: Aus dem Affen entwickelte sich der Menschenaffe – und aus diesem die Gattung *Homo:* zuerst der *Homo habilis*, dann der jüngere *Homo erectus*. Aus diesem wiederum gingen die beiden bekanntesten Unterarten des modernen Menschen hervor: der *Homo sapiens* und der *Homo sapiens neanderthalensis*. So jedenfalls lesen wir es noch heute in vielen Lexika und Schulbüchern.

Mittlerweile haben Anthropologen den vermeintlich tragfähigen Stammbaum gefällt und an seine Stelle einen stark verzweigten struppigen »Stammbusch« platziert, dessen Wachstumsphase noch nicht abgeschlossen ist. Der Traum von der linearen, einbahnstraßenartigen Einwicklungsfolge der Arten, die geradewegs zum *Homo sapiens* führt, ist ausgeträumt. Die menschliche Geschichte entpuppt sich als

ereignis- und artenreicher, vor allem aber als weitaus älter als jemals angenommen. Bis heute sind sich viele Spezialisten noch nicht einmal über die genaue Zahl der verschiedenen Hominidenarten einig. Sind es fünf, zehn, zwanzig oder gar mehr Äste, die der Stammbusch trägt?

In den 50er-Jahren des letzten Jahrhunderts geisterten mehr als 100 verschiedene Hominidentypen durch die Fachliteratur, von denen der älteste Vertreter vor maximal einer Million Jahren gelebt haben soll. In den 1960er-Jahren schreiben die Experten dem ältesten Vormenschen immerhin ein Alter von zwei Millionen, in den 1970ern sogar von drei Millionen Jahren zu. Heute bringt es der vorsintflutlichste Fossilienfund eines Hominiden auf das stolze Alter von sieben Millionen Jahren. Wir sollten uns daher nicht wundern, wenn das undurchsichtige Dickicht unseres Stammbusches noch weiter wuchert, zumal in den Erdböden Afrikas zahllose Fossilien immer noch darauf warten, *ihre* Geschichte zu erzählen.

Apropos Fossilien. Was die versteinerten Zeugnisse aus ferner Vergangenheit betrifft, die uns etwas über die Evolution des Menschen verraten, ist die Situation recht trostlos. Mit Blick auf die letzten drei Millionen Jahre der Menschheitsgeschichte liegt beispielsweise für den Zeitraum von 1,5 Millionen Jahren kein einziges Hominidenfossil vor, das Rückschlüsse auf die Existenz unserer Urvorfahren dieses Zeitraums erlaubt. Sage und schreibe *99,99* Prozent der potenziellen fossilen Fundstücke fehlen im großen Puzzlespiel der Anthropologen – nur 0,01 Prozent erfreuen sich derzeit in Vitrinen zahlreicher Museen und Privatsammlungen oder Forschungslabors als versteinerte Zeugen einer fernen Ära wenigstens einer gewissen Aufmerksamkeit. Ob die Erblasser ebenfalls darüber erfreut gewesen wären? Nun, auf jeden Fall sind die Fundstücke der Zahn- und Knochenfragmente immer noch derart rar gesät, dass Paläoanthropologen für die Rekonstruktion von 100 Generationen statistisch gesehen nur auf ein einziges Skeletteil zurückgreifen können. Zudem sind Fundlücken unvermeidbar, da Fossilien dummerweise nicht die Angewohnheit haben, sich in räumlicher und zeitlicher Hinsicht gleichmäßig zu verstreuen. Hinzu kommt die Tatsache, dass die Abwesenheit von Versteinerungen noch lange kein Beleg für die Nichtexistenz irgendwelcher Arten ist. Viele davon mögen einst den Erdball bevölkert haben. Nur kennen wir sie nicht, weil wir nicht wissen, wo ihre Überreste vergraben sind.

Böse Zungen behaupten inzwischen, dass sich sämtliche Belege für die Frühgeschichte der Menschheit mit Leichtigkeit in eine große Kiste verstauen und wegtransportieren ließen. Fragt sich nur, wohin dann die Reise gehen könnte. Vielleicht zurück zu den wahren Wurzeln, zurück nach Afrika, dorthin, wo die Skeletteile einst ausgegraben wurden, dahin zurück, wo einmal alles angefangen hat. Dass nämlich der afrikanische Kontinent die Wiege der Menschheit ist und wir evolutionsgeografisch mithin allesamt Afrikaner sind, zählt in der Paläoanthropologie zu den weniger strittigen Tatsachen. Das in der Vergangenheit sehr kontrovers diskutierte, sogenannte »Out of Africa«-Entstehungsmodell wird von der Fachwelt inzwischen mehrheitlich als das einzig richtige angesehen. Tatsächlich gibt es für mehr als die Hälfte der Zeitspanne, in der Hominiden gelebt haben, keinen einzigen Fossilienfund, der auf eine Herkunft

außerhalb Afrikas hindeutet. Natürlich wurde auch deshalb der bislang älteste Frühhominide in Afrika gefunden. *Sahelanthropus tchadensis*, »der alte Mann aus dem Tschad«, führt zurzeit die Liste der Top Ten der urzeitlichsten Menschen an. Seine 2001 in der Djurab-Wüste im Norden des Tschads ausgegrabenen Knochenfragmente konnten die Forscher auf ein Alter von sieben Millionen Jahren datieren. Und wie es sich für den Ersten seiner Art gehört, ergaben die Skelettanalysen von *Sahelanthropus tchadensis* zudem, dass er zumindest zeitweise den aufrechten Gang probte, also den mutigen Versuch wagte, zweifüßig (biped) zu laufen. Wie der Zufall es wollte, trennte sich im Stammbusch der Menschwerdung der Zweig der Affen- und Menschenartigen von dem des Hominiden, als *Sahelanthropus tchadensis* gerade seine Blüte feierte und mit dem aufrechten Gang experimentierte. Auf denselben Spuren wandelte einige Hunderttausend Jahre später ein weiteres schimpansenartiges Wesen, das später einmal den Namen *Orrorin tugenensis* erhält. Seine sechs Millionen Jahre alten Oberschenkelknochen bestätigen, dass auch er anatomisch längst in der Lage war, sich biped zu bewegen.

Der denkende und sprechende »geschickte Mensch«

Während aller Epochen der Evolution der Hominiden lebten verschiedene Gattungen und Arten räumlich und zeitlich nebeneinander. Das in der Ökologie geläufige Konkurrenzausschlussprinzip, wonach eine ökologische Nische nur jeweils von einer Art besetzt werden kann, mag im Tierreich ungeschriebenes Gesetz sein; aber auf die Menschwerdung hatte es keinen übergeordneten Einfluss. Denn meistens lebten unsere Vorfahren in Koexistenz, ohne miteinander bewusst in Konkurrenz zu treten, und gingen sogar symbiotische Beziehungen ein. Gewalttätige Konflikte waren eher selten, Kriege ein Luxus, da sämtliche Energiereserven für das Überleben der eigenen Art aufgewendet werden mussten. Dennoch endete das friedliche Miteinander für viele Arten oft mit dem Tod. Mal waren es ausgebliebene oder fehlerhafte Mutationen im Erbgut und höchst unvorteilhafte Klimaumschwünge, mal mangelnde Anpassungsfähigkeit sowie schlichtweg nicht ausreichende Nahrung, die ihr Aussterben begünstigten. Bezeichnend hierfür ist das Schicksal des Neandertalers, der ungeachtet seiner zahlreichen und friedlichen Kontakte mit seinem »Mitmenschen«, dem *Homo sapiens*, evolutionsbiologisch den Kürzeren zog und vom Planeten Erde für immer verschwand. Ähnlich erging es *Homo habilis* (»geschickter Mensch«), der vor knapp 2,5 Millionen Jahren sein Debüt als Hominide gab und sich immerhin etliche Hunderttausend Jahre lang in den Savannen Afrikas behauptete, bevor er 1,1 Millionen Jahre später gleichwohl einer anderen Art Platz machen musste.

Homo habilis zeichnete sich durch zwei Fähigkeiten aus, die den Evolutionsprozess der Hominiden gleich mit zwei neuen Qualitäten belebten: Einerseits fertigte er als erster Hominide einfache Steinwerkzeuge an, andererseits gab er als Erster differenzierte Laute von sich. Wie Untersuchungen seiner Schädelknochen ergaben, brachte er zumindest die anatomischen und neuronalen Voraussetzungen für eine

Sprech- und Lautfähigkeit mit. Schließlich waren bei ihm die beiden für die Ausbildung von Sprache wichtigsten Gehirnzentren derart ausgeprägt, dass er sich wenigstens auf einem urzeitlichen Niveau artikulieren konnte. Wir wissen nicht, welche Laute er von sich gab und wie hoch deren Informations- und Sinngehalt war, da aus seiner Epoche leider keine Tonbandaufnahmen vorliegen. Gegenüber seinen Vorfahren aus der Familie der *Australopithecinen* hatte *Homo habilis*, der immerhin mit circa 650 Kubikzentimetern ein um 30 Prozent größeres Hirnvolumen als der *Australopithecus afarensis* besaß und deshalb gezielt Laute von sich geben konnte, den Vorteil, schneller Kurzinformationen übermitteln zu können.

Mit dem Aufkommen der Sprache, die *Homo erectus* (»aufrecht gehender Mensch«) weiterentwickelte und *Homo sapiens* mit Abstrichen perfektionierte, versah die Evolution den werdenden Menschen mit dem besten denkbaren Rüstzeug, um Informationen, Gedanken und Gefühle auszutauschen. Zweifelsohne standen die allerersten Anfänge der Sprache mit der Entwicklung des Gehirns in direktem Zusammenhang. Die Sprache fand Gehör, weil ab dem Pleistozän, also vor ungefähr zwei Millionen Jahren, das Leistungsvermögen des menschlichen Gehirns infolge seiner Massenzunahme und besseren neuronalen Vernetzung allmählich stieg. Dabei vollzog die Sprache – unterstützt von der natürlichen Selektion – den Sprung vom kontrollierten Laut zum ersten definierten Wort respektive geregelten Satz. Hierbei kam es zu einem Rückkopplungs- bzw. Synergieeffekt: Ausgestattet mit einem Gehirn, das im Zuge der Evolution die Voraussetzungen für die Ausbildung von Sprache geschaffen hatte, gewann das Hirn des *Homo habilis* dank seiner sprachlichen Experimente noch weiter an Volumen. Eine vermehrte Proteinzufuhr in Form von tierischem Fleisch, das *Homo habilis* mittlerweile verstärkt konsumierte, förderte die Zunahme seiner Gehirnmasse, wobei der größer gewordene Denkapparat wiederum selbst nach einer verstärkten Eiweißzufuhr verlangte. Die menschliche, letzten Endes sogar die ganze biologische Evolution ist ohne eine angemessene Reflexion solcher Rückkopplungen nicht zu verstehen. Das eine bedingt das andere und wirkt darauf zurück. Die Wirkung einer Ursache wird zur Ursache einer weiteren Wirkung. Dieses Prinzip lag auch der Herstellung der ersten Steinwerkzeuge zugrunde: Die Konstruktion von Steinartefakten förderte die Denkleistung, und dank der gestiegenen Denkleistung wurden die Steine zu immer effektiveren Werkzeugen geformt, bis die Artefakte sogar in größerer Anzahl angefertigt werden konnten. Eine Industrie entstand, der Archäologen den Namen Oldowan-Industrie gaben. In der gleichnamigen Schlucht im heutigen Tansania fanden sie in zwei bis zweieinhalb Millionen Jahre alten Sedimentschichten zuhauf die bislang ältesten Steinwerkzeuge, für deren Herstellung nur eine Spezies in Frage kommt: der *Homo habilis*.

Wie Bewusstsein und »Selbstbewusstsein« in die Welt kamen

Natürlich wird es für alle Zeiten ein Mysterium der Geschichte bleiben, wer sich als erster Mensch seiner Sterblichkeit bewusst wurde oder, den Blick den Sternen zugewandt, über den Beginn der Welt sinnierte und über die erste Ursache allen Daseins rätselte. Wer entwickelte erstmals ein Ich-Bewusstsein und hinterfragte den Sinn seiner eigenen Existenz? Waren die Schöpfer solcherlei Gedanken Vertreter des *Homo habilis* oder war es gar sein Zeitgenosse *Homo erectus* (beide existierten knapp eine halbe Million Jahre lang Seite an Seite), aus dem sich später *Homo sapiens* entwickeln sollte?

Fast alle vorliegenden fossilen Indizien untermauern, dass das Bewusstsein erstmals zum Leben erwachte, als sich der späte *Homo erectus* vor circa 1,5 Millionen Jahren darin übte, kulturelle Handlungen zu vollziehen, jagdtechnische Verbesserungen anzugehen und Werkzeuge fabrikmäßig zu produzieren. Bis zu einem gewissen Grad seiner selbst bewusst gewesen sein musste sich *Homo erectus* allein deshalb, weil derlei Aktionen ein Mindestmaß an abstraktem und planendem Denken erfordern. Fakt ist: Als er vor annähernd 1,5 Millionen Jahren den kontrollierten Umgang mit dem Feuer erlernte und optimierte (was zweifelsfrei höheren Verstand voraussetzt) sowie das von *Homo habilis* begonnene Sprachexperiment dank seines größeren Gehirns auf höherem Niveau fortsetzte und erste Ansätze kommunikativer Beredsamkeit offenbarte, hatte dies direkte Auswirkungen auf die Vernetzung seines Denkapparats und auf die Verschmelzung von Geist und Bewusstsein. Vor allem aber wurde dadurch die Ausprägung des Ich-Bewusstseins beeinflusst. Es kam zu einem synergetischen Effekt, den man getrost als den bedeutendsten der Menschheitsgeschichte bezeichnen darf: Der denkende Mensch überdachte zum ersten Mal ganz bewusst sein Denken und Handeln. Das von dem französischen Philosophen René Descartes im 17. Jahrhundert postulierte berühmte Diktum »cogito ergo sum« (»Ich denke, also bin ich«) hatte *Homo erectus* bereits vor Jahrmillionen verinnerlicht, wenngleich natürlich nicht auf derart subtile Weise.

Aus welchem Winkel Afrikas dieser neue Menschentyp damals kam, ob ein Vorgänger von *Homo habilis* oder *Homo rudolfensis* selbst (dieser lebte vor 2,5 bis 1,8 Millionen Jahren in Afrika) oder eine andere Art sein direkter Vorfahr war, bleibt ein Geheimnis, das er mit seinem Aussterben vor gut 400 000 Jahren mit ins Grab genommen hat. Auf jeden Fall zeugen Knochenrelikte in Kenia, Java (»Java-Mensch«), Äthiopien und am Stadtrand von Peking (»Peking-Mensch«) davon, dass der frühe *Homo erectus*, oft auch *Homo ergaster* genannt, bereits vor 2 bis 1,5 Millionen Jahren mehr an der Mobilität Gefallen gefunden hat als seine sesshaften Urahnen. Von der Statur her kräftiger als ein durchschnittlicher Vertreter unserer Epoche und ausgestattet mit einer maximalen Körpergröße von 180 Zentimetern, lebte das fremdartige Äußere des *Homo erectus* in erster Linie von seinen Augenwülsten und seiner steilen Stirn, dem breiten, leicht platten Gesicht und dem flachen Kopf. Auch der späte afrikanische und asiatische Vertreter dieser Art, der vor 1,5 Millionen bis 300 000 Jahren sein Glück in der Ferne gesucht

hatte – von ihm fand man Fossilienreste in Südafrika, Kenia, China, Israel, Indien und Vietnam – hätte in jedem heutigen Schönheitswettbewerb fraglos schlechte Karten gehabt. Immerhin hätte er aber damit punkten können, als Einziger mit primitivsten Mitteln ein Feuer anzuzünden oder auf die Schnelle eine Handaxt zu produzieren.

Hand aufs Herz – wer von uns vermag denn noch ohne Feuerzeug oder Zündhölzer ein Kamin- oder Lagerfeuer kunstgerecht zu entfachen, von der Herstellung eines Faustkeils einmal ganz abgesehen (den Sie hoffentlich niemals brauchen werden!). *Homo erectus*, der Vorfahr unseres Vorfahren, hätte sich über unsere kläglichen Bemühungen gewiss köstlich amüsiert, ganz zu schweigen von unseren unterentwickelten Qualitäten als Jäger und Sammler. In dieser Hinsicht hätte der europäische *Homo erectus*, der *Homo heidelbergensis*, der zwischen 800 000 und 400 000 v. Chr. unter anderem im heutigen Frankreich, England, Spanien und Deutschland lebte, noch mehr Grund zum Schmunzeln gehabt, war er doch ein listiger Waidmann, der noch mit Faustkeil, Spieß und Dolch auf die Pirsch ging, die seinerzeit immer mehr in eine Großwildjagd ausuferte. Unterwegs in größeren Gruppen, entwickelten die urzeitlichen Jäger mit den Jahren immer ausgeklügeltere Jagdtechniken, die darin gipfelten, dass sie in gemeinsamer Anstrengung mit Holzspeeren und Knochenlanzen Großwild wie Nashörner, Flusspferde oder Elefanten, ja sogar Löwen und andere Raubtiere erfolgreich erlegten. Im Vergleich zum *Homo habilis*, der bereits vermehrt Wild konsumierte, gefiel sich *Homo erectus* in der Rolle des exzessiven Fleischessers, aber weniger in der des ausgewiesenen Gourmets. Alles, was ihm vor die

Lanze kam, fand als gebratenes Mahl kulinarische Verwendung und Vollendung. Angesichts der aufgetischten Innereien, des Fetts und Muskelfleischs wären bei den urzeitlichen lukullischen Gelagen überzeugte Vegetarier mitnichten auf ihre Kosten gekommen. So wenig appetitlich die Speisen anno dazumal aus unserer Sicht gewesen sein mögen, so sehr war ihre Zusammenstellung für den Fortgang der menschlichen Evolution von zentraler Bedeutung. Schließlich wurde durch die drastische Proteinzufuhr das Gehirnvolumen von *Homo erectus* immer größer, viel größer als das des ebenfalls fleischverliebten *Homo habilis*. Der permanente Verzehr von tierischem Eiweiß bescherte *Homo erectus* ein Gehirn von 1100 bis 1300 Kubikzentimetern Volumen (zum Vergleich: *Homo sapiens* wird später 1450 Kubikzentimeter besitzen). Es war ebendieser maßlose Verbrauch von Fleisch, der die materiellen Grundlagen für die Ausbildung des menschlichen Bewusstseins legte. Hätten sich *Homo erectus & Co.* ausschließlich dem Genuss von Pflanzen und Obst verschrieben, würden wir möglicherweise noch heute mit Pfeil und Bogen nach unserem Mittagsbraten jagen. Dass es nicht dazu gekommen ist, verdanken wir zu guter Letzt auch der fortschrittlichen Klingentechnik des *Homo erectus*. Immerhin weisen 1,5 Millionen Jahre alte Faustkeile, wohl die ersten ihrer Art, bereits perfekte Symmetrien auf. Sie sind das Resultat einer bewussten und geplanten Handlung, bei der gezielt auf eine bestimmte Form hingearbeitet wurde. Gleiches gilt für jene 400 000 Jahre alten Holzspeere, die Forscher im Braunkohletagebau von Schöningen (Niedersachsen) ausgegraben haben. Diese aus Fichtenholz gefertigten 2,5 Meter

langen Speere mit ihrer kantigen doppelseitigen Spitze bewährten sich bei der Großwildjagd aufs Beste. Insofern war die permanente Proteinzufuhr für das wachsende Gehirn des *Homo erectus* garantiert.

Kommen wir nochmals kurz auf die verbalen »Gehversuche« des *Homo erectus* zurück. Dass dieser bereits vor 1,8 Millionen Jahren, also zu Beginn des Alt-Paläolithikums, organisch in der Lage war, sich mit Worten ansatzweise zu verständigen, belegt ein fossiler Schädel aus der gleichen Zeit, auf dessen Innenseite ein deutlicher Abdruck zu sehen ist, der auf ein gut entwickeltes Broca-Zentrum hinweist. Diese Gehirnregion bildet neben dem Wernicke-Areal das eigentliche Sprachzentrum des frühen und des heutigen Menschen. Gewiss, ausgefeilte Formulierungen mögen *Homo erectus* anfangs noch nicht über die Lippen gekommen sein, dafür war sein Wortschatz zu begrenzt. Immerhin jedoch bemühte er sein anatomisch »sprechfähiges« Zungenbein, um Gedachtes in Worte zu kleiden und Gegenstände des Alltags zu spezifizieren – besser und genauer als *Homo habilis*. Die Naturlaute, Töne und Wörter, die dabei entstanden, hatten natürlich mit Lyrik, Prosa und Grammatik nichts gemein; dennoch legten sie die sprachlichen Grundsteine, die später andere Hominiden aufsammelten, ausfeilten und zu guter Letzt perfektionierten.

Die Entwicklung der Sprache ist ein markantes Beispiel dafür, dass in der Evolution des Menschen keine blinde Gen-Lotterie über das Werden und Vergehen entschied. Auch wenn alle Hominidenarten natürlich hin und wieder von zufälligen Mutationen profitierten und das ungeschriebene Darwin'sche »Survival-of-the-Fittest-Gesetz« seine selektive Kraft immer wieder offenbarte, wurde doch die Entwicklung des Menschen durch seine kulturellen Leistungen geprägt. Anstatt darauf zu warten, bis neue Mutationen die eigene Zukunft positiv beeinflussten, nahm der Urmensch sein Schicksal selbst in die Hand und passte sich mit Geist, Technik und Überlebenswillen der sich verändernden Umwelt optimal an. Ein Paradebeispiel hierfür ist sicherlich *Homo neanderthalensis*, der 1856 in der Nähe von Düsseldorf-Mettmann entdeckte klassische Urmensch schlechthin. Auch wenn seine zahlreichen Kontakte zum aufstrebenden *Homo sapiens* im einstigen Europa langfristig gesehen eher Letzterem zugutekamen als ihm selbst, schaffte er es immer wieder, sich dem damals häufig wechselnden Klima anzupassen. Wie DNA-Analysen ergaben, war *Homo neanderthalensis* als Vertreter einer aussterbenden Art noch nicht einmal ein direkter Vorfahr des heutigen Menschen. Daher werden wir über ihn – er möge uns dies bitte verzeihen – nur wenige Worte verlieren. Als er vor 130 000 Jahren aus dem Dunkel der Geschichte in Afrika auftauchte und kurz danach auf dem asiatischen und europäischen Kontinent Fuß fasste, begann ein hunderttausendjähriges Erfolgsmodell. Dennoch starb der Letzte seiner Art vor circa 25 000 Jahren aus. Die Gründe hierfür sind immer noch völlig unklar. Jedenfalls war der Neandertaler aufgrund seiner Intelligenz und Kreativität ausgesprochen erfolgreich. Er pflegte bereits einen Totenkult, produzierte Schmuck und verfügte über hervorragendes Werkzeug und effektive Jagdwaffen. Mehr noch: Er war mit Bewusstsein und Sprachintelligenz gesegnet. Wie Genetiker des Max-Planck-Instituts für Evolutionäre Anthropologie in Leipzig 2007 herausfanden, besaß der Neandertaler die gleiche Variante des Sprachgens wie der moderne Mensch. Tatsächlich ist bei beiden das einzige bislang bekannte für die Sprache zuständige Gen, ein Erbgutabschnitt namens FOXP2, vollkommen identisch. *Homo neanderthalensis* brachte also zumindest die genetischen Voraussetzungen mit, über Gott und die Welt zu parlieren. Ob er es jemals wirklich getan hat, bleibt eines dieser Rätsel in der Geschichte der Menschheit, auf die es keine Antwort gibt.

KREATIV-GEISTIGE SPRÜNGE

Vom *Homo sapiens* zur ersten Wissensexplosion

Der Mensch ist eigentlich ein nackter Affe, der in unwirtlichem Wetter friert, Durst und Hunger leidet und Qualen von Angst und Einsamkeit aussteht. Aber der Mensch verfügt über Wissen. Damit hat er die Erde erobert. Der Rest des Universums erwartet sein Kommen, so vermute ich, mit einiger Beklommenheit. Charles van Doren

Ohne Wort, ohne Schrift und Bücher gibt es keine Geschichte, gibt es nicht den Begriff der Menschheit. Hermann Hesse

Die »schöpferische« Explosion

Irgendwann vor 40000 Jahren ereignet sich irgendwo im eiszeitlichen Europa etwas Unvorhersehbares, etwas Unglaubliches: Lautlos und explosionsfrei, wie sein kosmologisches Vorbild, erschüttert ein weiterer »Urknall« die Welt, ein »Big Bang«, der eine völlig neue Ära einläutet. Es ist ein gänzlich andersgearteter, ein kreativ-kultureller Urknall, der sich in einem bereits bestehenden Raum, in einer bereits definierten Zeit ereignet. Einer, der den Grundstein für die technisch-wissenschaftliche Evolution der heranreifenden Menschheit legt – einer, der diese mithin auf eine neue Bewusstseinsebene katapultiert.

Während der legendäre Neandertaler, der legitime Nachkomme des *Homo habilis*, auf dem europäischen Kontinent schon seit 60000 Jahren als Jäger und Sammler um sein Überleben kämpft, daher seine ausgeprägten handwerklichen Fähigkeiten auf das Existenzielle beschränkt, leistet sich ein Neuankömmling als legitimer Erbe des *Homo erectus* einen bis dahin ungewohnten Luxus. Praktisch von einem Moment auf den nächsten produziert er etwas, das jenseits seines alltäglichen Existenzkampfes steht und allein der Zierde dient sowie pure Lebensfreude ausdrückt: Anstatt Waffen oder nützliche Alltagsgegenstände herzustellen, erprobt er sich unvermittelt im Anfertigen von Kunstgegenständen. Mal versucht er sich an Tierfiguren oder Höhlengemälden, mal an Musikinstrumenten oder schlichtweg an simplen Halsketten. Es sind Kunstwerke von erstaunlicher Qualität – geschaffen vom ersten anatomisch modernen Menschen, dem *Homo sapiens*.

Was Paläoanthropologen und Archäologen in den letzten Dekaden vornehmlich in Süddeutschland ans Tageslicht beförderten, sind Zeugnisse einer außerordentlichen Schöpfungsexplosion, die verdeutlichen, dass unser direkter Vorfahr im Gegensatz zum Neandertaler zwar über das kleinere Gehirn, dafür aber über das besser vernetzte verfügte. Durchbohrte Knochenperlen und Tierzähne, elfenbeinerne Anhänger und Figuren mit diversen Tiermotiven (z. B. Mammut, Löwe oder Bär) – das Spektrum ausgegrabener Beweise urzeitlicher Handfertigkeit ist groß und erreicht seinen Höhepunkt in Gestalt einer 35000 Jahre alten geschnitzten Flöte aus Schwanenknochen – des bis heute weltweit ältesten Musikinstrumentenfundes.

Die schöpferische Auseinandersetzung mit Umwelt und Natur schlägt sich nicht allein auf künstlerischer Ebene nieder, sondern befruchtet gleichzeitig die Werkzeugtechnologie. Aus bis dahin kaum verwendeten Materialien wie Horn, Elfenbein und Knochen entstehen neue, filigrane Werkzeuge wie Knochennadeln mit Ösen für dünne Fäden oder Bohrer, aus denen wiederum effektivere Jagdinstrumente und Bekleidungsmöglichkeiten hervorgehen. Mit einem Mal können unsere Vorfahren – jetzt eingehüllt in eine leichtere, aber wärmere Kleidung aus Tierhaut und Fell – mit Pfeil und Bogen Tiere erstmals auch aus größerer Ent-

fernung erlegen. Und mithilfe von Harpunen, an denen Widerhaken befestigt sind, schrauben sie die Fischfangquote in ungeahnte Höhen. Während der vom Aussterben bedrohte Neandertaler seinen Lebensabend in Eurasien vornehmlich in Höhlen verbringt, drängt es den *Homo sapiens* verstärkt hinaus in die Welt. Die Entwicklung vom naturgegebenen zum künstlich erbauten Unterschlupf, anfangs in vereinzelten Hütten, später in Siedlungen und Dörfern, vollzieht sich freilich über Jahrtausende. Die altbewährte Höhle bleibt eine Zeit lang nach wie vor ein vertrautes Domizil, was auch die zahlreichen Felsmalereien dokumentieren, von denen allein in dem Gebiet von Nordspanien bis Südfrankreich 180 vorhanden sind. Beseelt von kultischen und rituellen Motiven (z.B. das Heraufbeschwören von Jagdglück), ist es den Schamanen vorbehalten, sich in der Rolle der ersten Künstler zu gefallen. Dass sie Meister ihres Faches sind, veranschaulicht das prachtvolle, 1994 in der Chauvet-Höhle bei Vallon-Pont-d'Arc (Südfrankreich) entdeckte älteste Felsgemälde der Weltgeschichte. Obwohl annähernd 35000 Jahre alt, sind in ihm Abbilder von gefährlichen Tieren wie Nashörnern, Löwen und Bären verewigt. Nicht einfach in Form schlichter Zeichnungen, sondern in Gestalt derart ausdrucksstark mit Farben und Schattierungen versehener Motive, dass noch heute diverse Forscher die Echtheit dieses Kunstwerks in Frage stellen.

In jedem Fall erweitert die künstlerische Auseinandersetzung mit der Natur den Horizont des *Homo sapiens* und begünstigt das Aufkommen neuer Ideen. Mammutknochen, die vorher allenfalls als Brennholz gedient haben, erfreuen sich fortan als Baumaterial großer Beliebtheit. Sie stützen die mit Tierhäuten umspannten Hütten. Was sich da 40 000 Jahre vor unserer Zeit in aller Ruhe vollzieht, ist die erste Revolution der Menschheit, eine, die zwar mitnichten politische, dafür jedoch soziale und kulturelle Veränderungen nach sich zieht. Prähistoriker bezeichnen sie heute völlig zu Recht als »neopaläolithische Revolution«. Ausgelöst wird diese durch den Motor der Evolution: durch eine Mutation im Erbgut des *Homo sapiens*, die den modernen Menschen mit höherem geistigen Potenzial, einer ausgeprägteren Kreativität und nicht zuletzt sozialem Selbstbewusstsein und gar beginnendem Standesdünkel ausstattet. Wie anders lässt es sich sonst erklären, dass der *Homo sapiens* als erste Menschenart den Totenkult pflegt und hie und da Verstorbene mit besonders reichen Grabbeilagen ehrt? Im Leben nach dem Tod sind bereits für den sogenannten Cro-Magnon-Menschen, den ersten bekannten europäischen Vertreter des modernen Menschen, scheinbar nicht alle Zeitgenossen gleich.

Der Siegeszug von Bewusstsein und Sprache

Knochen lügen nicht, vielmehr sprechen diese stummen Zeitzeugen und Primärquellen vergangener Zeitalter eine deutliche Sprache, sofern Paläoanthropologen sie akkurat sezieren und exakt datieren. Heute erzählen die mühsam zusammengetragenen Funde von einer lebendigen und im wahrsten Sinne des Wortes sehr bewegten Geschichte des *Homo sapiens*. Schließlich hatte unseren direkten Vorfahren

schon damals ein »Unwohlsein« erfasst, das wir nur allzu gut kennen: Reisefieber bzw. Fernweh.

Nachdem er vor schätzungsweise 150 000 Jahren in Afrika aufgetaucht ist und dort jahrtausendelang Wurzeln geschlagen hat, zieht es ihn trotz aller klimatischen Vorzüge auf dem Schwarzen Kontinent aus »kulinarischen« Gründen plötzlich in die weite Welt. Auf der Suche nach Proteinen, nach tierischem Fleisch, wandelt er auf den Spuren der Tierhorden und Herden, die sich in heimischen Gefilden derweil rar gemacht hatten. Rastlos wie keine andere Hominidenart zuvor, klettert er von Hügel zu Hügel, wandert unter größter Anstrengung von Savanne zu Savanne und erobert Kontinent für Kontinent, ohne dabei einen gezielten Eroberungsfeldzug zu starten. Und dennoch sollte es die in geografischer und zeitlicher Hinsicht weiträumigste und längste Okkupation aller Zeiten werden.

Ausgestattet mit variabel einsetzbaren Kleidungsstücken passt er sich dabei den jeweils vorherrschenden Witterungsbedingungen und Umgebungstemperaturen besser an als jede andere Hominidenart. Seine Neugierde führt ihn von Afrika über die Arabische Halbinsel in den Mittleren Osten bis nach Asien – und daraufhin nach Europa. Jahrtausende später wandern die ersten Asiaten über die damals noch per pedes begehbare Beringstraße nach Amerika aus. Sie säen den Samen, aus dem später die indianische Kultur entsteht. Doch damit nicht genug: Über den Seeweg erreichen sie mit selbst gebauten Baumflößen sogar den australischen Kontinent, werden somit die Vorfahren der Aborigines. Es ist ein globaler Siegeszug, der, abgesehen von der Antarktis, die nördliche, westliche und östliche Hemisphäre erfasst. Seine

Erfolgsquote manifestiert sich am deutlichsten in der Bevölkerungszahl. Leben drei Millionen Jahre vor unserer Zeit in einer verhältnismäßig schmalen Region Afrikas gerade einmal 15 000 menschenähnliche Wesen, so sind es eine Million Jahre später bereits einige Millionen. Existieren 50 000 Jahre vor heute zehn Millionen Hominiden auf Mutter Erde, sind es 40 000 Jahre später bis zu zwanzig Millionen.

Obwohl der *Homo sapiens* schmächtiger, weniger muskulös und in puncto Widerstandskraft schwächer als das Gros seiner älteren Verwandten ist, verdrängt er überall dort, wo er auftaucht, seine weniger geschickten und intelligenten Hominidenbrüder. Bereits 25 000 Jahre vor unserer Zeit stellt er den einzigen seiner Art. *Homo rudolfensis, Homo habilis, Homo ergaster* und die weiteren Artverwandten lässt er im Dunkel der Geschichte und in den Sedimentböden zurück. Den Blick nach vorn gerichtet, erobert er kraft seines Geistes und seiner taktilen Fähigkeiten den Planeten – insbesondere jenen Kontinent, der die Wiege unserer abendländischen Kultur werden sollte.

Die »neopaläolithische Revolution« ist bereits voll im Gange, als der *Homo sapiens* endlich mit einem längst überfälligen Qualitätsmerkmal aufwartet, das ihn von den anderen Hominiden noch weiter abhebt. Das, wozu seine Urahnen eigentlich dank ihrer gut ausgebildeten Sprechapparate bereits seit mehreren Hunderttausend Jahren in der Lage gewesen sein müssten, setzt der moderne Mensch jetzt binnen kurzer Zeit um. Inspiriert durch die Begegnung mit der Kunst, gefördert durch die verstärkten sozialen Kontakte und geleitet von der natürlichen Selektion sowie nicht zuletzt aufgrund der vorhandenen »Sprachfähigkeit« des

Gehirns nutzt der *Homo sapiens* – evolutionsbiologisch längst verspätet – seine Stimme, um seine Gedanken und Gefühle endlich in verständliche Worte zu kleiden. Er spricht. Nicht mehr zerstückelt, so wie es seine Ahnen viele Jahrtausende lang praktizierten, sondern in zusammenhängenden Sätzen, wenngleich zu Beginn sicherlich noch etwas unbeholfen. Aber aus dem anfänglichen Nuscheln und Stottern erwachsen allmählich konkrete Worte, die ihren Weg zu vollständigen Sätzen finden. Alle möglichen Objekte der Außenwelt nehmen erstmals Namen und sprachliche Gestalt an. Alltagsgegenstände lassen sich nunmehr klarer spezifizieren und definieren, Situationen und Gefühle besser beschreiben. Die Kommunikation wird schlichtweg direkter, schneller und besser. Selbst romantische Gefühle finden mit einem Mal ein sprachliches Ventil, was sicherlich auch für die berühmtesten »drei Worte« der Gefühlswelt gilt, die irgendjemand erstmals irgendwo zum Besten gegeben hat. Wir wissen nicht, wer und wann genau es war, da Gefühle bekanntlich nicht versteinern.

Serienmäßige Produktion und Papyrus

Wir schreiben das Jahr 10 000 vor Christus. Die vierte und letzte Eiszeit verabschiedet sich nach ihrer wenig erwärmenden hunderttausendjährigen Regentschaft lautlos von der Erdgeschichte. Zur Freude der Pflanzen- und Tierwelt und zum Gefallen der Cro-Magnon-Kultur (ca. 35 000–8000 v. Chr.) mildert sich das Klima spürbar. Da die Temperaturen in dem Gebiet von der Ostküste des Mittelmeers bis zum heutigen Iran am annehmbarsten sind, schlägt der *Homo sapiens* – angetrieben von einer großen Ressourcenknappheit – in dieser Region verstärkt seine aus Mammuthaut genähten Zelte auf. Eine nachhaltige Metamorphose beginnt. Der wanderwütige, fleischfressende Nomade wird endgültig zum sesshaften Bauern und pragmatischen Gelegenheitsvegetarier, der den zeitsparenden Effekt des Ackerbaus und der Viehzucht schätzen lernt. Anstatt tagelang nach essbaren Bodengewächsen zu suchen, pflanzt er nunmehr wildes Getreide an, erntet und verarbeitet es zu Nahrungsmitteln und speichert Überschüssiges für schlechte Zeiten in Vorratskammern. Anstelle mühsamer Jagdunternehmungen, die ihn oft tagelang auf Trab und von zu Hause ferngehalten hatten, des Öfteren sogar erfolglos verlaufen waren, domestiziert und züchtet er fortan Wildtiere. Die dadurch neu gewonnene Freizeit nutzen die urzeitlichen Bauern zur Verfeinerung ihrer Werkzeuge, wovon viele Bereiche des Handwerks und der Technik profitieren. Sie erleben einen Aufschwung, der neue Kräfte freisetzt und bündelt. Keramik wird jetzt serienmäßig produziert. Bereits 6000 v. Chr. entstehen die ersten handgeformten Tongefäße, die später Archäologen im Nahen Osten finden werden. Zeitgleich entdecken Menschen mit dem Element Kupfer das erste Metall, aus dem sie kurz darauf unter Beimengung von Zinn die härtere und widerstandsfähigere Bronze schmelzen. Eine Epoche findet ihren Namen: die Bronzezeit. Der unaufhaltsame Vormarsch der Metallverarbeitung revolutioniert die Kunst der Schmuckherstellung und das Anfertigen von Alltagsgegenständen. Er begünstigt zugleich das Aufkommen der ersten Rüstungsindustrie. Stabile

Schwerter, Dolche, Speerspitzen und Schutzschilde schießen wie Pilze aus den fruchtbaren Böden Mesopotamiens, wo sich die erste Hochkultur auf dem Planeten Erde allmählich heranbildet. Es ist kein Zufall, dass das Werden der ersten Hochkultur der Menschheitsgeschichte mit dem Beginn der Bronzezeit zusammenfällt. Und es ist kein Zufall, dass Menschen in dieser Ära und wenig später erstmals Waffen in größerer Stückzahl produzieren und damit eine unsterbliche Hydra in die Welt setzen, die kein Herakles, kein Staat, keine Regierung, keine Gesellschaft bis heute zu bezwingen vermag. Wenn es einen roten Faden gibt, der sich durch die gesamte Geschichte der Menschheit zieht, kommt seine Farbe nicht von ungefähr. Durch alle Epochen hindurch sind die Spuren einer jeden Generation immerfort mit Blut getränkt. So gesehen schafft die Bronzezeit die materiellen Grundlagen für die kriegerische Natur des Menschen; in dieser Ära startet der Krieg seinen beispiellosen Siegeszug, woran die Assyrer im 1. und 2. Jahrtausend v. Chr. maßgeblichen Anteil haben. Ausgerüstet mit hoch entwickelten Streitwagen und Belagerungsmaschinen, setzen die kriegerischen Assyrer als erste Großmacht zum Leidwesen ihrer Feinde gezielt Reiterverbände ein.

Zwischen Euphrat und Tigris, inmitten des Zweistromlands (im heutigen südlichen Irak), markiert der moderne Mensch mit der städtischen Revolution die nächste große Zäsur. Aus zahlreichen Siedlungen erwächst circa 4000 v. Chr. in einer äußerst fruchtbaren Region nach Jericho (heutiges Israel) die zweite Stadt, gleichwohl erste Großstadt des *Homo sapiens*: die mesopotamische Stadt Ur (heutiger Irak). Ihre Gründung geht mit Umwälzungen einher, die die Welt bis dahin noch nicht gesehen hat. Erstmals ballen sich Menschengruppen auf einem begrenzten Territorium in einem bisher nicht da gewesenen Gedränge dicht an dicht. Dies gilt auch für die sumerischen Städte Uruk, Lagasch und Babylon, die kurz nach der Geburt von Ur das Licht Mesopotamiens erblicken. Angesichts der räumlichen Enge in diesen Städten kommt es nicht nur zu direkteren zwischenmenschlichen Kontakten, sondern auch zu einem intensiveren Wissensaustausch. Gab es Jahrtausende zuvor nur vereinzelt Spezialisten und eine Handvoll Menschen, die eine Kunst oder ein Handwerk meisterlich beherrschten, so beleben in Ur mit einem Mal Bauern, Beamte, Handwerker, Krieger und Priester den neu aufkommenden »Arbeitsmarkt«. In der Bronzezeit schlägt überdies die erste Stunde der Architekten und Ingenieure. Diese planen und erbauen monumentale Werke wie prachtvolle Tempel, Paläste, Grabmäler und Bewässerungsanlagen und leiten damit einen Umbruch ein, der die Herausbildung und Umstrukturierung der demografischen, sozialen, wirtschaftlichen und staatlichen Ordnung stark forciert. Die Stadtbevölkerung wächst unaufhörlich; erste Klassenunterschiede treten auch äußerlich sichtbar zutage; eine systematische Stadtplanung beginnt, der innere und äußere Handel beflügelt die wirtschaftliche Entwicklung. Eine hierarchisch gegliederte Priesterschaft, die zur Bewältigung des Alltagsgeschäfts einen bürokratischen Apparat installiert, steigt auf zum Wächter über Politik, Wirtschaft und Kultur. Die jungen Behörden sind sehr gut durchorganisiert und horten und verwalten den eingezogenen gesellschaftlichen Reichtum – oft zum eigenen Vorteil oder dem ihrer Herrscher. Diese

wiederum sichern ihren Einfluss und Luxus, indem sie Erlasse, Verbote und kurz darauf sogar erste Gesetze einbringen. Als die wirtschaftlichen Vorgänge immer schwieriger und die politisch-sozialen Organisationsformen immer komplexer und undurchschaubarer werden, perfektionieren und verbreiten die autoritären Machthaber das stärkste Instrument zur Sicherung ihres Einflusses: die Schrift.

Mit Ausnahme der Inkas entwickeln alle Hochkulturen der Menschheit eine eigene voll ausgebildete Schrift, wobei die älteste davon die Sumerer ausfeilen. Auch wenn die ersten in Stein geritzten sumerischen Schriftzeichen auf das Jahr 8000 v. Chr. datiert werden, sind diese bestenfalls Bildsymbole (Piktogramme), die als Zählhilfen und primitive Kalender herhalten müssen. Von einer ausgeprägten alt-sumerischen Keilschrift kann erst ab 3100 v. Chr. die Rede sein. Wenige Jahrhunderte später wandelt sich das Schriftbild. Circa 2500 v. Chr. können die Schreiber mithilfe von 1200 unterschiedlichen Zeichen erstmals komplexe grammatikalische Formen relativ zügig zu Ton bringen. Ein handlicher Rohrgriffel, mit dem sie ihre Bildsymbole in weiche Tontafeln gravieren, macht es technisch möglich. Dass uns heute Zeugnisse der sumerischen Schriftkunst vorliegen, ist der Widerstandsfähigkeit des verwendeten Tons zu verdanken, der nach dem Schreibakt getrocknet oder gebrannt wird.

3000 Kilometer südwestlich von Mesopotamien und 5000 Jahre vor unserer Zeit bricht eine andere Zivilisation zu neuen Ufern des Wissens auf: die Ägypter. Wie die sumerische Hochkultur und all die weltweit prosperierenden nachfolgenden Hochkulturen (z. B. Azteken, Chinesen,

Induskultur) zieht auch die erste nordafrikanische Zivilisation aus der zunehmenden Trockenheit Konsequenzen und lässt sich in der Nähe ihres größten Flusses nieder. Während sich die erste Hochkultur in Indien in Harappa am Indus (ab 2500 v. Chr.) und die erste chinesische am Huangho (ab 1500 v. Chr.) ansiedelt, suchen die Ägypter um 3000 v. Chr. die Nähe zum Nil. Hier, wo das Land fruchtbar ist, lernen sie, die Flussadern des Stroms zu regulieren und Dämme, Staubecken sowie Kanäle zu bauen. Gesegnet mit einer genauso großen schöpferischen Kraft wie die Sumerer, entwickelt das Volk am Nil um 2900 v. Chr. ebenfalls ein kompliziertes Schriftsystem, das keine reine Bilderschrift ist, sondern aus Bild-, Laut- und Deutezeichen besteht, die einen bestimmten Gegenstand darstellen. Doch die Hieroglyphen geraten ab dem 4. Jahrhundert n. Chr. – wie viele andere »Urschriften« – infolge der permanenten Weiterentwicklung der Schrift fatalerweise zusehends in Vergessenheit – vor allem ihr Sinn. Erst viele Jahrhunderte nach ihrem Verschwinden sollte der französische Gelehrte Jean-François Champollion (1790–1832) die kryptische Hieroglyphenschrift mithilfe des »Steins von Rosetta« als Erster vollständig entcodieren.

Das eigentliche Erzeugnis der Ägypter jedoch, das einen kulturell-intellektuellen Schub nach vorn bewirkt, gedeiht abseits der im Wüstensand eingebetteten Pyramiden – im Sumpf. Nicht die gigantisch großen Grabmäler, die ästhetisch-bizarr geformten, sehr minutiös geplanten und aufwendig gebauten Generationsprojekte, deren architektonische, technische und kulturell-religiöse Ausnahmestellung unvergleichlich ist, sondern eine circa drei Meter empor-

ragende Staudenpflanze gibt der geistigen Fortentwicklung des Menschen den entscheidenden Impuls. Bereits im vierten Jahrtausend v. Chr. gewinnen Menschen im antiken Ägypten aus dem Papyrusgewächs den Rohstoff, mit dem später Persönlichkeiten wie Aristoteles, Homer, Hesiod oder Herodot ihr Wissen tradieren werden. Obwohl Papyrus auf Feuchtigkeit, mechanische Beanspruchung und Wurmfraß sehr empfindlich reagiert, ist es dennoch zuverlässig und gut beschriftbar. Seine mittlere Überlebensdauer beträgt immerhin 100 bis 150 Jahre. Kein Wunder also, dass es zum wichtigsten Katalysator des Wissens, zum bedeutsamsten Informationsspeicher des Altertums avanciert. Dass viele Papyrusrollen dem mahlenden Zahn der Zeit bis heute trotzen, ist dem konservierenden Effekt des trockenen Wüstensands der Sahara zu verdanken, in dem sie die Jahrtausende fast unbeschadet überdauern. Jedenfalls erkennen die Ägypter den intellektuellen und kommerziellen Wert ihrer heimischen Sumpfpflanze schnell. Bereits während der Ptolemäusdynastie (323–30 v. Chr.) sind die Herstellung und der Verkauf von Papyri ein königliches Monopol. Das fortan in sechs verschiedenen Qualitätsstufen offerierte Gewächs findet im antiken Griechenland und im Römischen Reich weite Verbreitung und Anwendung, bevor es ab dem 2. Jahrhundert n. Chr. allmählich von dem widerstandsfähigeren Pergament abgelöst wird.

Die griechische Wissensexplosion

Eine wie auch immer geartete Version einer altertümlichen PISA-Studie hätte in der Frühantike, zur Zeit der aufstrebenden Hochkulturen, herzlich wenig Sinn gehabt, konnten doch damals 99 Prozent der Menschen nicht mit jenen Qualitäten aufwarten, die heute als selbstverständliches Kulturgut gelten: lesen, schreiben, rechnen und philosophieren.

Anno dazumal ist das ungeschriebene Gesetz der Macht einfach: Nur wer gebildet und schriftkundig ist, darf sich zu einer mächtigen Elite mit politischem und gesellschaftlichem Einfluss zählen, die die Staatsgeschäfte und das Informationssystem ordnet und kontrolliert. Dieses Gesetz relativiert sich erst, als die Phönizier, ein aus Nordafrika stammendes See- und Handelsvolk, um 1100 v. Chr. ihre Schrift anstelle aus einer Vielzahl von Bildsymbolen erstmals aus Buchstaben zusammensetzen. Die Lehrstunde des Alphabets schlägt. Seine Einführung eröffnet vielen Menschen einen völlig neuen Kosmos, der ihnen zuvor gänzlich verschlossen war. So revolutionär die Entwicklung des Alphabets auch anmutet – eingedenk der Tatsache, dass die phönizischen Buchstaben nur aus Konsonanten bestehen, haben die indo-europäischen Völker ihre liebe Not, die neuen Schriftzeichen nach Europa zu importieren. Was wollen wir mit einer Schrift, die keine Selbstlaute kennt?, fragen sich unsere gelehrten Vorfahren.

Die beste Antwort hierauf geben die Griechen. Sie ergänzen im achten vorchristlichen Jahrhundert das phönizische Alphabet um Vokale, wodurch die neue Schrift eine in Sprache und Ausdruck bisher ungekannte Klarheit gewinnt. Während sich gebildete Chinesen mit mehr als 2000 Schriftzeichen herumplagen müssen und dabei oft nur mühsam auf den Punkt kommen, lassen sich dagegen alle Worte des neuen Alphabets mit spielerischer Leichtigkeit aus nur 26 Zeichen komponieren. Die limitierte Anzahl der Buchstaben kommt den Schreibern zugute. Schneller als in jeder anderen Schriftsprache lassen sich mittels des Alphabets Gedanken zu Papyrus bringen, wodurch mehr wertvolles Geistesgut konserviert werden kann. Die Ersten, die diesen gewaltigen Vorteil höchst konsequent umsetzen, sind die ionischen Naturphilosophen des sechsten Jahrhunderts v. Chr.

Beflügeln das mediterrane Klima, die sonnenreiche Umgebung, der Rotwein, das Olivenöl, der kristallklare Blick zu den Sternen deren intellektuelle Weitsicht? Ist es schlichtweg ein geografisch-historischer Zufall, dass sich bereits vor mehr als 2600 Jahren die ersten Menschen gedanklich mit Gott und der Welt auseinandersetzen und diesen Gedankenfluss gottlob nicht dem Strom der Zeit anvertrauen, sondern eben auf diesem Papyrus verewigen? Fakt ist: Mit der Einfuhr von Papyri aus Ägypten und der Einführung und Weiterentwicklung des Alphabets vollzieht sich im achten vorchristlichen Jahrhundert in der damals größten und reichsten griechischen Stadt und Handelsmetropole Milet eine tief greifende Veränderung. Plötzlich tauchen an der Westküste Kleinasiens (heutiges Anatolien) überall Schriften auf, auf denen Geschäftsabschlüsse, aber auch die ersten Abhandlungen über Fachfragen verzeichnet sind. Eine geistig-kreative Explosion erfüllt den kleinasiatischen Küstensaum am ägäischen Meer, als mit Thales von Milet (um 624–546 v. Chr.) der erste Philosoph und Naturwissenschaftler der Menschheit derselbigen seine Aufwartung macht. Mit seiner Theorie, wonach der Kosmos ein Gebilde ist, das der menschliche Verstand tatsächlich begreifen kann, stellt er die mythologischen Metaphern und Analogien, mit denen der Anfang der Welt und andere Geheimnisse bislang immer verklärt wurden, nicht nur infrage, sondern kontert mit einem eigenen Erklärungsmodell. Nein, den Urstoff aller Materie (*arche*) repräsentiert für ihn nicht mehr länger irgendeine Gottheit. Vielmehr ist der Urgrund der Welt schlichtweg das Wasser. Wasser ist der einzige physikalische Urstoff, so behauptet er, aus dem sich alle anderen Dinge des Seins entwickelt haben. Alles ist Wasser. Das erste Prinzip allen Seins war Wasser.

Die griechische Wissensexplosion hat viele Väter. Ausgehend von dem Credo, dass nichts aus dem Nichts kommen kann und die Welt sich daher irgendwann einmal aus einem Urchaos gebildet und geordnet haben muss, entwickeln viele andere geistreiche Köpfe in Milet – ohne jegliches empirisches Wissen und ohne astronomisches Instrumentarium, allein durch die Kraft ihrer Gedanken – Modelle und Theorien, die samt und sonders nur darauf abzielen, den Urgrund der Welt in einem stofflichen Prinzip zu suchen. Keine Frage, die griechischen Philosophen von Milet sind die ersten Naturwissenschaftler, die dieses Attribut auch verdienen. Von hoher Vorstellungs- und Einbildungskraft beseelt, antizipieren die Erfinder der wissenschaftlichen Methode – unbeeinflusst von der Willkür der Götter – dank ihrer Gabe, Weitblick mit Phantasie zu paaren,

vieles, was wir heute als wissenschaftliche Grundwahrheiten schätzen.

Rund um das ägäische Meer findet die griechische Wissensexplosion ihre Fortsetzung. Einer von vielen geistreichen Wissenschaftlern ist Aristarchos von Samos (um 310–230 v. Chr.). Knapp 18 Jahrhunderte bevor Nikolaus Kopernikus (1473–1543) mit derselben Theorie an den Festen des geozentrischen Weltbildes rütteln wird, postuliert Aristarchos als erster Mensch bereits das heliozentrische Modell. Mit seiner These, wonach die Erde um die Sonne kreist, ist er seiner Zeit weit voraus, ähnlich wie die beiden Denker Leukippos von Milet (um 450–370 v. Chr.) und Demokrit (um 460–370 v. Chr.). Deren These klingt nicht minder modern: Die Welt besteht aus Atomen und leerem Raum, wobei Atome kleine, unsichtbare, allerdings ewige und unzerstörbare Teilchen sind, die sich jeweils durch ihre Form, Gestalt und Größe voneinander unterscheiden. Alle Atome sind aus dem gleichen »Stoff« und können sich untereinander verbinden. Auch wenn Leukippos' und Demokrits Atommodell mit dem heutigen herzlich wenig gemein hat, stellt die von beiden erdachte Verbindung der Unendlichkeit der Welt mit einem auf Atomen beruhenden Universum eine für die damalige Zeit bemerkenswerte intellektuelle Leistung dar.

Andere Denker legen eine nicht minder erstaunliche Voraussicht an den Tag, wie etwa der griechische Philosoph Epikur (341–270 v. Chr.), der ein Modell entwickelt, demzufolge sich das Universum am Anfang in einem permanent wechselnden Zustand des Urchaos befand, aus dem dann sukzessive geordnete Strukturen hervorgingen. Als wahre

Könner erweisen sich die Griechen auch auf dem Gebiet der Mathematik. Pythagoras von Samos (570–510 v. Chr.), dessen berühmter mathematischer Lehrsatz den meisten geläufig ist, hat die Kunst der Zahlenlehre stark geprägt, was auch für Euklid von Alexandria (ca. 365–300 v. Chr.) und im Besonderen für Archimedes von Syrakus (287–212 v. Chr.) gilt.

Bei alledem zeigen die Griechen zum ersten Mal auch so etwas wie historische Sensibilität. Der »Vater der Geschichtsschreibung«, wie der römische Philosoph Cicero später den Griechen Herodot von Halikarnassos (um 484–424 v. Chr.) charakterisieren wird, revolutioniert die bis dahin unsystematische und unkritische Geschichtsschreibung, indem er Ansätze rationaler Kritik und das Bewusstsein für die Distanz zum Gegenstand offenbart. In seinem einzigen erhaltenen Werk, den aus neun Büchern bestehenden *Historien*, schildert er die Kriege der Griechen mit den Persern im 6. und 5. Jahrhundert vor Christus teils nüchtern und klar, teils vermischt mit Mythischem. In der Rolle des ersten »echten« Historikers glänzt indes ein anderer: der griechische General Thukydides (um 460–396 v. Chr.). In seinem *Peloponnesischen Krieg* präsentiert er Zeitgeschichte pur. Mithilfe wissenschaftlicher Mittel erzählt er der Nachwelt so objektiv wie möglich, gezielt und bewusst nur von dem, was wirklich vorgefallen ist – prägnant und kritisch. Dass er in der Einleitung seines Werkes sogar die von ihm angewandte wissenschaftliche Methodik vorstellt, macht ihn in der Tat zum ersten Geschichtsschreiber und analytischen Historiker.

Aus dem Chor der zahlreichen antiken Kosmologen

ragen natürlich noch viele andere geniale Köpfe heraus, darunter Koryphäen vom Schlage eines Sokrates, Platon und Aristoteles. Ob im Bereich der Metaphysik, Logik, Ethik, politischen Theorie, Astronomie oder Dialektik und Rhetorik – allesamt setzen sie die griechische Revolution des Wissens auf sehr hohem Niveau fort. Umso bitterer mutet es an, dass das von den ionischen Naturphilosophen und den Protagonisten der klassischen griechischen Philosophie mühsam und sukzessive erworbene Wissen über die Welt, das seiner Zeit weit voraus ist, selbst für lange Zeit im Zeitstrom verloren geht. Denn mit dem Ende des Weströmischen Reiches, das im fünften Jahrhundert nach Christus durch die einfallenden Barbarenhorden endgültig besiegelt wird, verabschiedet sich auch das von den Römern rezipierte Wissen der griechischen Philosophen für mehr als 1000 Jahre (größtenteils) aus der abendländischen Geschichte. Die Saat der antiken Wissensexplosion findet sich in Byzanz, Syrien und Persien wieder, wo die letzten Quellenrelikte des altehrwürdigen Wissens überwiegend professionell gelagert und konserviert werden. Als sich nach den Kreuzzügen das verloren geglaubte Wissen des Altertums auf dem europäischen Kontinent langsam wieder einfindet, steht Europa eine reiche Ernte bevor. Das wiederentdeckte Geistesgut der ersten Wissensexplosion löst eine zweite aus, deren Nachhall noch heute zu spüren ist. Das Echo des kreativ-geistigen Urknalls der Renaissance und Aufklärung ist auch heute noch nach wie vor unüberhörbar.

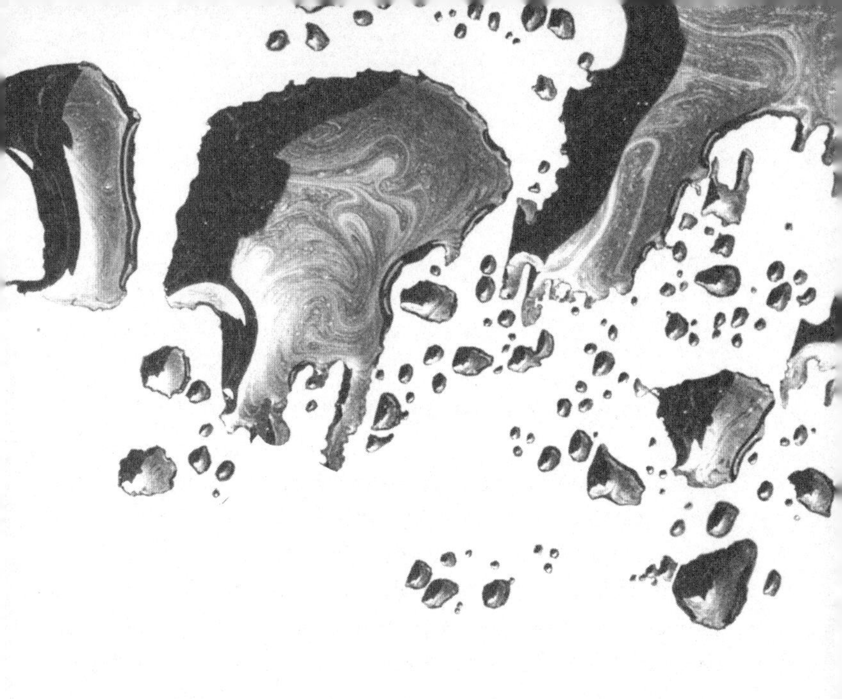

WARUM IN DIESER WELT?

Wenn das Universum für unsere Existenz nicht angemessen wäre, dann würden wir jetzt nicht hier sitzen und fragen, warum es so ist, wie es ist. Stephen Hawking

Was mich eigentlich interessiert, ist, ob Gott die Welt hätte anders machen können; das heißt, ob die Forderung nach logischer Einfachheit überhaupt eine Freiheit in der Wahl der Anfangsbedingungen, Naturkonstanten, Kräfteverhältnisse lässt. Albert Einstein

Diesseits und jenseits der Realität

Warum existiert diese Welt und wir in und mit ihr? Warum ist unser Universum ausgerechnet dergestalt strukturiert, dass unsere Sinne und künstlichen Instrumentarien nur Bilder von ihm darzustellen vermögen, die oberflächliche und fragmentarische Abbilder einer Welt zeigen, von der wir bestenfalls nur Mosaiksteine kennen, wohl wissend, dass das Gesamtbild davon für alle Zeiten unsichtbar bleibt? Dass mit Blick auf diese Mosaiksteine unsere eigene Sichtweise extrem eingegrenzt ist, führt uns etwa das elektromagnetische Spektrum sekündlich und unmissverständlich vor Augen. Es zeigt uns ein im Shakespeare'schen Sinn »unentdecktes Land«, in dem Licht mehr ist als eine bloße Ansammlung von Photonen oder Wellen. Denn nicht das Weiße Licht – jener Bereich im Sichtbaren, den wir mit unseren Augen erfassen –, sondern die beispielsweise von Roten Zwergsternen oder Gas fressenden Schwarzen Löchern ausgesendete Infrarot- und Röntgenstrahlung erfüllt das All mit Licht.

Vieles von dem, was uns verborgen bleibt, nehmen andere Lebewesen indes wahr: Während Fledermäuse oder Hunde für die Geräuschkulisse im Ultraschall empfänglich sind, Vögel oder Wale sich mittels des Magnetfeldes der Erde orientieren, Katzen oder Klapperschlangen im für uns unsichtbaren Infrarotbereich sehen, gewinnt unser unmittelbares Weltbild durch das Makroskopische, die »grobe Betrachtung«, an Konturen. Alles, was wir von Natur aus sehen, hören, schmecken, riechen und ertasten bzw. fühlen, definiert den uns umgebenden Makrokosmos, der selbst nur ein Mikrokosmos unter vielen ist, nur ein Teil der großen unbegreiflichen Realität. Bereits eine Ebene über unserem Makrokosmos erstreckt sich das Reich der Galaxien, der für uns sichtbare Bereich des Universums. Eine Ebene darunter breitet sich ein biologischer Mikrokosmos aus, in dem sich Bakterien und Viren als älteste, bevölkerungsreichste und erfolgreichste irdische Spezies eingenistet haben. Jedes einzelne Individuum dieses Sub-Universums kann mit Fug und Recht behaupten, einen Teil der realen Welt zu »erleben«. So wenig wir diesen Kosmos auf Mikrobenniveau wahrnehmen und erleben können, so wenig haben diese Kleinstlebewesen von den Kosmen über oder unter ihnen Kenntnis. Im Gegensatz zu einer Amöbe oder einem Tuberkulose-Bakterium (*Mycobacterium tuberculosis*) wissen wir immerhin, dass viele Geheimnisse der Welt sich erklären lassen, wenn es uns gelingt, eine Brücke vom Universum zu jenem Kosmos zu schlagen, in dem sich die Bausteine der Materie tummeln, die unsere Welt im Innersten zusammenhalten – dem Quantenkosmos. Irgendwann organisierten sich die atomaren Bausteine der Materie zu Molekülen und bildeten schließlich Gehirne, die seit einiger Zeit vermehrt über ihr eigenes Dasein reflektieren. Es liegt in unserer Natur, den Sinn unserer Existenz zu hinterfragen, den Dingen auf den Grund zu gehen und die elementare Frage aufzuwerfen, ob alles nur ein bloßer Zufall war oder nicht.

Alles hing an Billiarden über Billiarden seidenen Fäden

Blicken wir ins All hinaus und erkennen dabei, wie viele Zufälle in Physik und Astronomie zu unserem Wohl zusammengearbeitet haben, dann scheint es in der Tat fast so, als habe das Universum, wie es der Harvard-Physiker Freeman Dyson (geb. 1923) einmal formulierte, »in gewissem Sinne gewusst, dass wir kommen«. Damit ist das sogenannte Anthropische Prinzip auf den Plan gerufen, das die Bedingungen erfasst, die Kosmos und Naturgesetze erfüllen mussten, um eine Lebensform hervorzubringen, die diese Bedingungen auch erkennen kann. Es richtet seinen Fokus insbesondere auf die naturwissenschaftlich-philosophische Kardinalfrage, welche Anfangsbedingungen, Prozesse und Evolutionen nötig gewesen sind, damit sich binnen 13,7 Milliarden Jahren quasi aus dem Nichts leblose Materie, aus lebloser Materie biologisches Leben und aus biologischem Leben wiederum Bewusstsein bilden konnte. Wie kam es dazu, dass eine Vielzahl sehr spezieller Umstände zusammentraf, um ein Universum wie das unsrige zu kreieren? Ist unser Dasein in dieser Welt rückblickend gesehen das Resultat einer unglaublich langen Kette unglaublicher Zufälle oder schlichtweg das Ergebnis eines ausgefeilten schöpferischen Kraftaktes? Was wäre wohl geschehen, wenn nur ein einziger für die Ausbildung des Kosmos und unseres Daseins unentbehrlicher Parameter um Nuancen anders gewesen wäre, wenn nur ein Dominostein in der kosmischen, geologischen oder biologischen Evolutionskette anders oder überhaupt nicht gefallen wäre und die ereignisreiche Kettenreaktion, die vom Urknall zum Menschen führte, nicht in Gang gebracht hätte?

Fakt ist: Die Ausbildung der Welt, aber auch unser Dasein hing einst und hängt noch heute an Billiarden über Billiarden seidenen Fäden. Bereits geringfügige Abweichungen in den Werten der Massen, Ladungen oder fundamentalen Konstanten hätten auf die Entwicklung des Kosmos und damit auf die Evolution der Menschheit enorme Auswirkungen gehabt. So stellen die erforderlichen Anfangsbedingungen für ein Universum, wie wir es kennen, nur eine von 10^{10120} (eine Eins mit 10 120 Nullen) Möglichkeiten dar. Selbst die Frage nach den Ursachen für die speziellen Parameterwerte, die für uns gelten, kann nur gestellt werden, weil die Größen eben gerade so sind, wie sie sind. Wäre es anders gekommen, gäbe es niemanden, der sich darüber wundern könnte. Der Kölner Astrophysiker Hans-Joachim Blome vergleicht diese Situation nicht zu Unrecht mit der eines Überlebenden beim Russischen Roulette: Seine Freude, in diesem Spiel gewonnen zu haben, wird gedämpft, sobald ihm klar wird, dass er keine Gelegenheit gehabt hätte, sich zu ärgern, wenn er nicht gewonnen hätte ...

Ähnliche Unwahrscheinlichkeiten wie bei den grundlegenden kosmologischen Werten finden sich auch bei der Betrachtung des Lebens. So hat beispielsweise der Physiker Francis H.C. Crick, der zusammen mit dem Genetiker James D. Watson 1953 die Doppelhelixstruktur der Desoxyribonukleinsäure (DNS) entdeckte, die Wahrscheinlichkeit, dass das Leben spontan entstanden sein könnte, auf 10^{-1000} geschätzt. In seinem Buch *Die Entstehung des Lebens* stellt der Stuttgarter Zoologe Hinrich Rahmann folgende Überlegung an: Geht man von einer Tonne Aminosäuren aus und gibt den Molekülen eine Milliarde Jahre Zeit, um miteinan-

der zu reagieren, und untersucht die Wahrscheinlichkeit, bis sich 1000 bestimmte Aminosäuren zu einem genau definierten Protein vereinigt haben, erhält man den Wert 10 hoch 10^{-360}. Wie klein dieser Wert ist, lässt sich an einem Beispiel ermessen: Die Wahrscheinlichkeit, mit einem einzigen Griff aus allen Sandbergen der Wüste Sahara ein spezielles Sandkorn herauszupicken, liegt bei 10^{-24}. Leben ist demnach äußerst unwahrscheinlich – und dennoch wimmelt es auf unserem Planeten nur so davon.

Die Entstehung von biologischem Leben wäre ohne die uns im Alltag so vertraute Dreidimensionalität des Raums nicht möglich gewesen. Wäre im Zuge des Urknalls nur ein zweidimensionaler Raum entstanden, hätten sich keinesfalls komplexe neuronale Netzwerke ausbilden können. Die Biochemie hätte nicht den für die biologische Evolution notwendigen Entfaltungsspielraum gehabt. Das Alter der Welt ist ebenso elementar. Damit Leben wie das unsere eine kosmische Nische besetzen konnte, mussten zunächst einmal Galaxien entstehen und mindestens eine Generation von Sternen Zeit gehabt haben, sich zu entwickeln, dabei schwere Elemente zu produzieren und diese in das interstellare Medium, das Weltall, zurückzugeben – bevor Sonne und Planeten sich bilden sowie die biologische Evolution auf der Erde starten konnten.

Drastisch wären die Folgen für unser Universum gewesen, wäre die Masse des Elektrons schon bei seiner Entstehung nach dem Urknall größer gewesen als der Massenunterschied zwischen dem Neutron und dem Proton. In diesem Fall wäre ein elektrisch neutrales Universum entstanden. Die Protonen wären sofort nach ihrer Entstehung von den freien Elektronen eingefangen worden und hätten sich neutralisiert: Die Welt wäre ausschließlich mit Neutronen und Neutrinos (elektrisch neutrale Teilchen, die eine extrem kleine Masse haben) angefüllt gewesen. Da aber aus Neutronen und Neutrinos keine Atome geschweige denn chemische Elemente entstehen, hätten sich weder Planeten noch biologische Lebensformen ausbilden können.

Das Kohlenstoff-Komplott

Das Element Kohlenstoff ist für die Photosynthese der Pflanzen sowie zum Aufbau komplexer organischer Moleküle und damit für das Leben unverzichtbar. Kohlenstoff wird in den Sternen während des Heliumbrennens schrittweise aus drei Heliumkernen synthetisiert. Zunächst verbinden sich zwei Heliumkerne zu einem Zwischenkern, dem Beryllium. Dieser Kern ist jedoch nicht stabil, er zerfällt bereits nach 10^{-17} Sekunden wieder in seine beiden Bestandteile. Damit Kohlenstoff entsteht, muss ein dritter Heliumkern mit dem Berylliumkern kollidieren, bevor dieser wieder in zwei Heliumkerne zerfällt. Glücklicherweise beträgt die Stoßzeit zwischen zwei Heliumkernen nur 10^{-21} Sekunden und ist somit bedeutend kürzer als die Zerfallszeit des Berylliums. Deshalb, und nur deshalb existieren der Berylliumkern und ein Heliumkern ausreichend lange zur gleichen Zeit, sodass eine Verschmelzung zu Kohlenstoff möglich wird. Diese Stoßprozesse laufen jedoch nur ab, wenn die freie Weglänge der Teilchen klein ist, also wenn Materiedichte und Temperatur ausreichend hoch sind. Im Universum findet sich ein

derartiges Umfeld nur in den Sternen; deshalb wird Kohlenstoff erst in den Sternen fusioniert und nicht bereits während der Phase kurz nach dem Urknall, in der die ersten Atomkerne gebildet wurden.

Doch auch unter diesen günstigen Bedingungen käme eine Verbindung zu Kohlenstoff nur in den seltensten Fällen zustande, würde nicht ein weiterer Effekt zum Tragen kommen. Kohlenstoff besitzt nämlich ein Energieniveau, das geringfügig höher liegt als die Energie eines Berylliumkerns plus einem Heliumkern. Durch die zusätzliche Energie bei der Kollision der Teilchen stellt sich ein Effekt ein, der die Kernreaktion erst möglich macht. Das gemeinsame Energieniveau erhöht die Wahrscheinlichkeit einer Anlagerung beträchtlich. Wäre das Verhältnis von starker Kernkraft zu elektromagnetischer Kraft geringfügig verschoben, würde die Beryllium-Kohlenstoff-Resonanz unterdrückt, und die Bildung von Kohlenstoff in den Sternen wäre praktisch gleich null. Das auf Kohlenstoff aufbauende Leben wäre niemals entstanden.

Wie Sterne Schicksale beeinflussen

Von besonderer Bedeutung für das Leben ist auch der Sterntyp, den die Planeten umlaufen. Massereiche Sterne strahlen vornehmlich kurzwelliges, für organische Moleküle schädliches UV-Licht ab und sterben aufgrund ihres exzessiven Wasserstoffbrennens vergleichsweise früh. Sehr massearme Sterne leben zwar lang, doch deren Strahlung liegt nahe am Infrarotbereich des elektromagnetischen Spektrums und ist somit zu energiearm, um beispielsweise die Photosynthese in Gang zu bringen. Unsere Sonne befindet sich wiederum genau zwischen diesen beiden Extremen, was für alle Lebenswesen von Vorteil ist. Ihr Strahlungsmaximum liegt im sichtbaren Bereich des elektromagnetischen Spektrums und wird mit einer Lebensdauer von etwa acht bis zehn Milliarden Jahren alt genug, um Leben über einen ausreichend langen Zeitraum mit Energie zu versorgen. Wie bei einem Stern entscheidet auch die Masse eines Planeten über sein weiteres Schicksal, vor allem über die Frage, ob sich hier Leben ansiedeln kann. Auch wenn das Gros der bisher entdeckten Planeten außerhalb unseres Sonnensystems aus massereichen Gasplaneten besteht, auf denen biologisches Leben unmöglich ist, könnten auf fernen erdähnlichen, vornehmlich aus schweren Elementen aufgebauten Planeten mit fester Oberfläche außerirdische Lebensformen entstanden sein, sofern bestimmte Bedingungen erfüllt sind, wie etwa die Bahnparameter eines Planeten. Denn eine kreisförmige Bahn um den Heimatstern, so wie sie fast perfekt von der Erde verfolgt wird, ist der Garant für ein ausgewogenes, stabiles Klima. Elliptische Bahnen lassen den Planeten im Aphel (Sonnenferne) zu sehr auskühlen und heizen ihn im Perihel (Sonnennähe) zu sehr auf. Ferner sollte die Bahn des Planeten in der habitablen Zone des Sterns verlaufen, also in jenem Entfernungsbereich, in dem die vom Stern abgestrahlte Energie das Wasser weder gefrieren noch verdampfen lässt. Ebenso nehmen die Periode der Eigenrotation sowie die Neigung der Rotationsachse gegen die Bahnebene auf das Klima Einfluss. Dreht sich der Planet zu schnell, entstehen andauernde,

gewaltige Stürme in der Planetenatmosphäre. Dreht er sich indes zu langsam, kommt es zu hohen Temperaturdifferenzen zwischen der dem Stern zugewandten und der abgewandten Hemisphäre. Und je stärker die Neigung der Rotationsachse ist, umso ausgeprägter sind die Jahreszeiten. Kommt zu einer starken Neigung eine lange Umlaufperiode um den Stern hinzu, sind die Temperaturunterschiede zwischen Sommer und Winter lebensfeindlich. Ein im Verhältnis zur Planetenmasse großer Mond hingegen beeinflusst langfristig das Klima eines sich drehenden Planeten wiederum positiv, da er durch seine gravitative Wirkung dessen Rotationsachse stabilisiert.

War es Zufall, war es Absicht?

Wer oder was auch immer dieses Universum geschaffen, wer oder was die drei räumlichen Dimensionen, die wir Menschen mit unseren Sinnen erfassen können, geformt und materiell (oder auch antimateriell) gemacht und die vierte Dimension, die Zeit, und womöglich auch andere Dimensionen in diese Welt gesetzt hat, muss ein Meister von unerschöpflich schöpferischer Kreativität gewesen sein, ja immer noch sein. Welche Energieform oder Nicht-Energieform es dereinst gewesen sein mag, die alle Rahmenbedingungen des Kosmos so gestaltet hat, wie sie sind, und das All mit Leben beseelt hat, bleibt für uns Menschen wohl stets ein unlösbares Rätsel, über das wir nur spekulieren können. Angesichts solcher Gedankengänge müssen wir uns unweigerlich fragen: War dies alles reiner Zufall? Was für eine andere Erklärung gibt es für dieses präzise Zusammenwirken der kosmologischen Parameter und physikalischen Konstanten, ohne die dieses Buch nebenher bemerkt nicht zustande gekommen wäre? Könnte es sein, dass hinter alledem ein Prinzip steckt? Ein Prinzip, das auf die Entstehung von Leben und letztlich auf den Menschen (*anthropos*) abzielt – mithin ein Anthropisches Prinzip? Solange die Gesetze von Ursache und Wirkung nicht verletzt werden, könnten sich auch die Naturwissenschaften mit einer derartigen Lösung einverstanden erklären: Gerade weil es in unserem Universum Leben gibt, können die Parameter nur die Werte besitzen, die die Existenz von Leben möglich machen. Dieses sogenannte »schwache« Anthropische Prinzip lässt sich auch auf eine andere Formel bringen: Die Werte der Naturkonstanten und die Anfangsbedingungen unseres Universums, die wir beobachten, sind infolge einer Aneinanderreihung von Zufällen genauso gestrickt, wie es für die Ausbildung von intelligentem Leben notwendig gewesen war.

Als andere Variante präsentiert sich indes das »starke« Anthropische Prinzip. Es schreibt dem Universum insofern einen Zielrichtungsmechanismus zu, als es Eigenschaften mitbringen musste, die im Laufe der kosmischen Evolution die Ausbildung von Leben ermöglichten. Um einige Nuancen schärfer kommt das »finale« Anthropische Prinzip daher. Es geht davon aus, dass im Universum irgendwann intelligentes, informationsverarbeitendes Leben entstehen und sich fortentwickeln musste. Nachdem es in Erscheinung getreten ist, kann es niemals wieder aussterben. Es ist sozusagen ein Postulat des ewigen Lebens. Die vielleicht strengste

Version des »starken« Anthropischen Prinzips vollendet sich in der »teleologischen« Variante. Diese besagt, dass eine zielgerichtete Kraft den Kosmos kreiert hat, dass mit der Entstehung des Universums eine Absicht verbunden war. Dabei wurden die Feinabstimmungen derart exakt eingestellt, dass sich Leben entwickeln musste. Dahinter steht das Wirken eines allem übergeordneten Willens, eines außerhalb des Universums stehenden Schöpfers, dessen Ziel die Erschaffung von Leben war. Von dieser Prämisse ging auch der französische Paläontologe und Theologe Pierre Teilhard de Chardin (1881–1955) aus. Sein Theoriemodell beschreibt ein dynamisches, sich entwickelndes Universum, das systematisch auf die Ausbildung des Lebens, des Menschen und des Geistes hinarbeitet. Diese »gelenkte« Kosmogenese geht mit einer deutlichen Zunahme an Komplexität auf materieller Ebene und an Zentriertheit auf geistiger Ebene einher: Die Evolution des Menschen, die Gott eingeleitet hat, zielt zugleich auf ihn ab. Am Ende dieser ganzen Entwicklung steht der »Punkt Omega«, in dem sich am Ende aller Tage die zentrierte Gesamtheit des Universums, inklusive Raum, Zeit und Bewusstsein, konzentriert.

Angesichts der Überlegungen, dass die Dauer von Leben begrenzt ist (da ein Stern oder eine ganze Galaxie nur einen endlichen Vorrat an freier Energie besitzt) und dass als Folge der Expansion und Abkühlung des Universums die für das Leben notwendigen Quellen freier Energie im gesamten Kosmos irgendwann erschöpft sein werden, setzen sich andere Forscher verstärkt mit der Zukunft der Menschheit im Kosmos auseinander. In neuerer Zeit etwa hat sich der Harvard-Professor Freeman Dyson mit der endgültigen

Zukunft des Lebens im Kosmos beschäftigt. Seine These ist: Die Essenz des Lebens ist Information. Dafür spricht, dass ganz wesentlich der genetische Code und das neuronale Netzwerk – abstrakt gesehen – Information(en) speichernde und verarbeitende Systeme sind. Ausgehend von der Überlegung, wonach Lebewesen also informationsverarbeitende Systeme sind, nimmt Dyson an, dass Leben und Bewusstsein nicht unbedingt auf eine Verkörperung durch Zellen mit Erbsubstanz in der uns bekannten Form begrenzt sein müssen. Sie könnten auch unabhängig von Kohlenstoff, Sauerstoff oder Wasserstoff existieren.

Dyson untersucht, wie Lebewesen mit einer endlichen Menge an Energie in einem ewig expandierenden, sich immer weiter abkühlenden Kosmos ihren Stoffwechsel, ihre Kommunikationsfähigkeit und kognitive Aktivität aufrechterhalten können. Schließlich kommt, wie Dyson vermutet, Leben langfristig gesehen in einem solchen Weltraum zwangsläufig zum Erliegen. Denn Informationsaufnahme, Verarbeitung und Weitergabe sind stets an Materie und Energie gekoppelt. Wenn Materie zerfällt, Energiedifferenzen sich ausgeglichen haben, d.h. ein thermodynamisches Gleichgewicht erreicht ist, dann ist Leben nicht mehr existenzfähig.

Der US-Physiker und Mathematiker Frank Tipler (geb. 1947) knüpft auf andere Weise an die »finale« Variante des »starken« Anthropischen Prinzips an. Seiner Ansicht nach ist Leben keine vorübergehende Erscheinung, sondern unabdingbar für den Kosmos und daher ewig existent. Um kosmosweit und insbesondere am Ende des Universums überlebensfähig zu sein, muss die Ablösung des Lebens von

jedweder materiellen Grundlage gewährleistet werden. Nur wenn Leben als winziger Punkt, besser gesagt im »Omega-Punkt«, in der »Zukunftssingularität« überlebt, gewinnt es Unsterblichkeit. Aufgrund der hochspekulativen Natur von Tiplers These stufen viele Wissenschaftler diese nicht beweisbare Interpretation jedoch als pseudowissenschaftlich ein. So kürzte ein skeptischer Wissenschaftler das Tipler-Modell mit CRAP (engl. *crap* = Unsinn) ab, wobei CRAP in seinen Augen für »Completely Ridiculous Anthropic Principle« (das komplett lächerliche Anthropische Prinzip) steht.

Fanden ET & Co. ihre Nische?

Und schon sehen wir uns der nächsten – und für dieses Buch letzten – großen Frage gegenüber: Ist der *Homo sapiens sapiens* wirklich die einzige intelligente Lebensform in den Tiefen des Kosmos, die im Zuge einer lang währenden Evolution herangereift ist? Müsste es nicht im Weltall von Leben verschiedenster Art gerade nur so wimmeln, da in unserem Universum alle vorhandenen Bedingungen, alle physikalischen Gesetze und daraus resultierenden stellaren, planetaren und geologischen sowie biologischen Prozesse einander überall gleichen und deren Resultate sehr ähnlich sind? Wenn es außerirdische Zivilisationen gibt, müssten sie allesamt selbst dem Big Bang entsprungen sein und deren Körper ebenso aus jenen Elementen und Atomen bestehen, die auch uns geformt haben.

Die Annahme, dass nach dem Big Bang auch andere intelligente Lebensformen eine planetare Nische im All gefunden haben könnten, scheint berechtigt: Optimisten wie etwa der US-Astrophysiker Carl Sagan (1934–1996) vermuten, dass sich in den Tiefen des Kosmos auf einer Milliarde Planeten irgendwann einmal hoch entwickelte Zivilisationen herangebildet haben könnten. Der englische Astronom Sir Martin Rees (geb. 1942) dagegen hält es durchaus für denkbar, dass in dem für uns beobachtbaren Teil des Universums (Metagalaxis) nirgendwo weiteres intelligentes Leben entstanden ist.

Angenommen, Leben wäre im Kosmos dennoch ein weitverbreitetes Prinzip, dann sollte das »starke« Anthropische Prinzip in Zukunft besser in »anthropisch-exobiologisch-kosmisches-Prinzip« umgetauft werden, wobei der Begriff »exobiologisch« (biologisches Leben außerhalb der Erde) noch viel weiter gefasst werden müsste und auch nichtbiologische »Lebensformen« wie beispielsweise Computer oder Roboter zu berücksichtigen hätte. Die Prämisse wäre folglich: Der Weg vom Urknall zur Ausbildung von Bewusstsein und Intelligenz war – ob er denn nun zufällig oder absichtlich erfolgt sein mag – kein einzigartiges Phänomen, sondern ein ungeschriebenes Gesetz im Kosmos. Dann wären wir nicht die Einzigen im Universum, die über den Sinn der Welt sinnieren und darum bemüht sind, die Geschichten des Werdens und Vergehens zu verstehen und in Worte zu fassen. Und wer weiß – vielleicht hält irgendwo da draußen »gerade« – Millionen Lichtjahre von uns entfernt – ein blauhäutiger und gelbhaariger Bücherwurm einen thematisch ähnlichen Lesestoff in seinen krabbenartigen Händen und lässt – inspiriert von dem neu erworbenen Wissen – seiner Phantasie freien Lauf. Lieber Leser, folgen Sie doch seinem

Beispiel und nehmen Sie – hoffentlich ebenfalls beflügelt von diesem Buch – den berühmtesten irdischen Physiker, Albert Einstein, beim Wort, für den nicht allein Wissen, sondern auch Phantasie der Schlüssel zur Weisheit ist. Denn wie sagte dieser einst: »Phantasie ist wichtiger als Wissen, denn Wissen ist begrenzt.«

Danksagung

1000 Kisten Wasser, 100 Liter Kaffee, etliche Flaschen Rotwein, unzählige Tafeln Schokolade, jede Menge Kohlenhydrate, zahlreiche Druckerpatronen, Berge von Papier, Unmengen von Bleistiften, Textmarkern, Büchern, Zeitungen und Fachmagazinen, ungezählte Internetrecherchen, etliche Telefonate, E-Mails sowie Postsendungen waren nötig, damit dieses Buch publizistischen Niederschlag finden konnte. Dass uns all diese »Hilfsmittel« immerfort zur Verfügung standen, was keine Selbstverständlichkeit ist, erfüllt uns mit tiefer Dankbarkeit.

Vor allem aber danken wir Ihnen, liebe Leser, dass Sie auf unserer »Bildungsreise« durch die Jahrmilliarden bis zur letzten Textseite durchgehalten und mit uns das Reiseziel ohne Murren erreicht haben. Einmal eine Naturgeschichte als Reportage schreiben, das lag uns besonders am Herzen …

Bevor wir uns von Ihnen – hoffentlich nur vorübergehend – verabschieden, möchten wir uns noch bei einigen ganz herzlich bedanken. Bei Britta Egetemeier und Dr. Klaus Stadler vom Piper Verlag. Sie haben uns motiviert und unsere Arbeit mit wertvollen Anregungen und Kommentaren begleitet. Ein Dankeschön auch an Katharina Wulffius und Kathrin Kurz für die gute Mitarbeit.

Unser besonderer Dank gilt Carolina Haut, die das ganze Manuskript mit Argusaugen studierte, kritisierte und die Lesbarkeit des Buches mit zahlreichen Vorschlägen erhöhte. Ganz herzlichen Dank dafür.

Literaturverzeichnis

Arzt, Volker: Als Deutschland am Äquator lag. Eine Reise in die Urgeschichte, Rowohlt, Reinbek 2001.

Blome, Hans-Joachim/Priester, Wolfgang/Hoell, Josef: Kosmologie, Walter de Gruyter, Berlin 2003.

Blome, Hans-Joachim/Zaun, Harald: Der Urknall. Anfang und Zukunft des Universums, C.H.Beck, München 2004.

Börner, Gerhard: Kosmologie, Fischer, Frankfurt 2002.

Ditfurth, Hoimar v.: Im Anfang war der Wasserstoff, dtv, München 1997 (Neuauflage).

Fischer, Ernst Peter: Die andere Bildung. Was man von den Naturwissenschaften wissen sollte, Econ, München 2001.

Fischer, Ernst Peter: Einstein, Hawking, Singh & Co. – Bücher, die man kennen muss, Piper, München 2004.

Fortey, Richard: Leben. Eine Biografie. Die ersten vier Milliarden Jahre, C.H.Beck, München 2000.

Green, Briane: Das elegante Universum, Siedler, Stuttgart 2000.

Hasinger, Günther: Das Schicksal des Universums. Eine Reise vom Anfang zum Ende, C.H.Beck, München 2007.

Hawking, Stephen: Das Universum in der Nussschale, Hoffmann und Campe, Hamburg 2001.

Johanson, Donald/Blake, Edgar: Lucy und ihre Kinder, Spektrum Akademischer Verlag, Heidelberg/Berlin 2000.

Kuckenburg, Martin: Wer sprach das erste Wort? Die Entstehung von Sprache und Schrift, Konrad Theiss, Stuttgart 2004.

Layzer, David: Die Ordnung des Universums – Vom Urknall zum menschlichen Bewusstsein, Insel, Frankfurt a.M. 1995.

Leakey, Richard E.: Die ersten Spuren. Über den Ursprung des Menschen, Goldmann, München 1999.

Lesch, Harald/Müller, Jörn: Big Bang zweiter Akt – Auf den Spuren des Lebens im All, Bertelsmann, München 2003.

Ludwig, Karl-Heinz: Eine kurze Geschichte des Klimas. Von der Entstehung der Erde bis heute, C.H.Beck, München 2006.

Macdougall, J. D.: Eine kurze Geschichte der Erde, Econ, München 2000.

Margulis, Lynn/Sagan Dorian: Leben, Spektrum Akademischer Verlag, Heidelberg/Berlin 1997.

Rahmann, Hinrich/Kirsch, Karl A.: Mensch – Leben – Schwerkraft – Kosmos, G. Heimbach, Stuttgart 2001.

Rauchfuss, Horst: Chemische Evolution und der Ursprung des Lebens, Springer, Berlin 2005.
Rees, Martin: Das Rätsel unseres Universums, C. H. Beck, München 2003.
Reichholf, Josef H.: Das Rätsel der Menschwerdung. Die Entstehung des Menschen im Wechselspiel mit der Natur, dtv, München 2004.
Sagan, Carl: Unser Kosmos. Eine Reise durch das Weltall, Droemer-Knaur, München 1991.
Schrenk, Friedemann: Adams Eltern. Expeditionen in die Welt der Frühmenschen, C.H.Beck, München 2002.
Schrödinger, Erwin: Was ist Leben? Die lebende Zelle mit den Augen des Physikers betrachtet, Piper, 8. Auflage, München 1999.
Smolin, Lee: Warum gibt es die Welt?, C. H. Beck, München 1999.
Walter, Ulrich: Zivilisationen im All. Sind wir allein im Universum?, Spektrum Akademischer Verlag, Heidelberg/Berlin 1999.

Ausgewählte Internet-Links

Astronomie/Astrophysik/Kosmologie

Max-Planck-Institut (MPI) für Astrophysik:
www.mpa-garching.mpg.de
Größte deutschsprachige Website für Astronomie:
www.astronomie.de
Wissensportal für Astrophysik v. Andreas Müller:
www.mpe.mpg.de/~amueller/

Evolution/Leben (Geologie und Biologie)

Max-Planck-Institut (MPI) für Entwicklungsbiologie Tübingen:
www.eb.tuebingen.mpg.de/
MPI für terrestrische Mikrobiologie Marburg:
www.mpi-marburg.mpg.de/
Evolution und die Entstehung von Leben:
www.martin-neukamm.de/leben.html
Museum für Naturkunde der Humboldt-Universität zu Berlin:
www.naturkundemuseum-berlin.de/index.html
Naturmuseum Senckenberg Frankfurt a. M.:
www.senckenberg.de/root/index.php?page_id=28

Paläoanthropologie/Anthropologie

MPI für evolutionäre Anthropologie Leipzig:
www.eva.mpg.de/
Deutsches Primatenzentrum: (DPZ)
www.dpz.gwdg.de/
Institut für Anthropologie Uni Mainz:
www.uni-mainz.de/FB/Biologie/Anthropologie/forschung.php

Mensch/Menschheit/Wissenschaft aktuell

ABC der Menschheit [Wissenschaftsjahr 2007]:
www.abc-der-menschheit.de/
Discovery-Channel [Premiere]:
www.discovery.de/
MPI für Hirnforschung Frankfurt a. M.:
www.mpih-frankfurt.mpg.de
MPI für Wissenschaftsgeschichte Berlin:
www.mpiwg-berlin.mpg.de/en/index.html
Telepolis – Magazin für Netzkultur und Wissenschaft:
www.telepolis.de
Zeit-Magazin »Wissen: Mensch und Geschichte«:
www.zeit.de/wissen/mensch/index

Personen- und Sachregister